地球信息科学基础丛书

无人机遥感载荷成像风场传递效应分析

李传荣　唐伶俐　李晓辉
李子扬　王新鸿　李　坤　　著

U0289604

科学出版社
北　京

内 容 简 介

本书探讨无人机遥感载荷成像受大气风场影响的机理和表征方法。通过分析大气风场对无人机遥感载荷成像的传递链路,构建大气风场对无人机遥感载荷成像各环节的传递效应模型,探索大气风场对载荷成像质量影响的作用机理,分析载荷运动的图像质量退化效应,为无人机遥感系统作业飞行规划、高精度遥感载荷成像处理,以及载荷数据质量评价等提供基础技术支撑。

本书既可为我国无人机遥感工程实践提供指导,也可为遥感、信息、控制、无人机等技术领域的广大科研工作者和大专院校师生提供有益参考。

图书在版编目(CIP)数据

无人机遥感载荷成像风场传递效应分析/李传荣等著. —北京:科学出版社, 2018.10
(地球信息科学基础丛书)
ISBN 978-7-03-046271-8

Ⅰ.①无… Ⅱ.①李… Ⅲ. ①无人驾驶飞机–航空遥感–研究 Ⅳ.①TP72

中国版本图书馆 CIP 数据核字(2015)第 268351 号

责任编辑:苗李莉 李 静 / 责任校对:樊雅琼
责任印制:张 伟 / 封面设计:陈 敬

科学出版社 出版
北京东黄城根北街 16 号
邮政编码:100717
http://www.sciencep.com
北京厚诚则铭印刷科技有限公司 印刷
科学出版社发行 各地新华书店经销
*
2018 年 10 月第 一 版 开本:787×1092 1/16
2020 年 4 月第二次印刷 印张:7
字数:170 000
定价:69.00 元
(如有印装质量问题,我社负责调换)

序

随着航空、电子、基础原材料以及相关工艺水平的快速发展，我国遥感数据产品质量得到了大幅度提高。不过，已获取的遥感数据质量与各行业对高质量遥感数据需求之间，仍然存在不小的差距。因此，如何进一步提高我国遥感数据质量，把我国从遥感大国发展成为遥感强国，是每一个遥感领域研究人员孜孜以求的目标。

中国科学院定量遥感信息技术重点实验室主任李传荣研究员，长期致力于遥感地面系统、遥感数据在轨质量分析、遥感载荷定标与真实性检验、新型遥感器机理与应用等方面研究。在遥感地面系统工程方面，他在我国首次提出"天地一体化遥感技术系统"理念。在遥感数据质量保证方面，他在国际上首次系统性设计实现了天地一体化分级检验技术方法。在航空遥感数据获取方面，他跟踪国际前沿，探索提高遥感数据质量的新方法、新途径，继往开来，推陈出新。他积数十年不懈努力，取得了丰硕的研究成果，为我国遥感事业的发展做出了卓越贡献。为提升无人机遥感数据质量，他带领团队认真研究无人机遥感的作业环境——大气风场，通过分析大气风场传递效应的全链路过程，识别其中的关键技术难题，如大气风场的构建、大气风场作用下无人机姿态仿真与分析、光电稳定平台系统辨识，以及在轨载荷运动与数据质量退化敏感性之间的内在联系等若干瓶颈问题，并进行了有效探索，提出了解决方法。

该书是国内一部系统性研究大气风场传递效应对无人机遥感数据质量影响的专著，可用于对无人机外场试验飞行前获取的数据质量进行评估，并为是否进行飞行试验提供必要的决策支持。该书对于遥感相关领域研究从业人员来说，是一份颇具参考价值和实用价值的技术资料，相信会得到广大读者的欢迎。同时，该书也是我国遥感科学与技术发展史上一笔宝贵的财富，将为提高我国无人机遥感数据质量和提升无人机遥感数据的应用效益起到重要的促进作用。

在该书即将出版之际，谨向李传荣研究员和他的团队表示祝贺！相信该书的出版，无论对于希望了解航空遥感的教学、科研工作者，还是对于该领域的工程设计人员，都是一部值得推荐的力作。

前　言

　　无人机遥感技术的蓬勃发展，使无人机遥感成为高分辨遥感数据获取的生力军，在各行各业得到了广泛应用。然而，无人机遥感系统作业过程中，经常受到大气环境的影响，引起无人机平台姿态发生快速变化。经过一系列传递后，导致载荷姿态在数据获取过程中不断发生变化，获取的数据出现不同程度的退化现象。退化了的无人机遥感数据通常难以满足科学研究和实际应用的需要，极大地影响了无人机遥感数据的应用效能。为了探寻无人机遥感数据退化的机理，提升系统的数据获取质量，本书通过分析大气风场对无人机遥感载荷成像的链路，构建了大气风场对无人机遥感载荷成像各环节的传递效应模型，探索大气风场对载荷成像质量影响的作用机理，分析载荷运动的图像质量退化效应，为无人机遥感系统作业飞行规划、高精度遥感载荷成像处理，以及载荷数据质量评价等提供基础技术支撑。本书分 5 章来阐述风场传递效应分析有关内容。

　　第 1 章绪论，介绍了本书的撰写背景与目的，综述了无人机航空遥感数据受大气风场传递效应影响的问题、国内外研究现状及发展趋势，并在此基础上提出了无人机遥感载荷成像风场传递效应分析的关键技术。

　　第 2 章大气风场作用下无人机姿态仿真与分析，构建了包含大气紊流和突风场的复合风场，实现了大气风场作业下无人机姿态的精确解算，并在此基础上通过对无人机姿态进行分析和研究，获取了大气风场作用下无人机姿态变化规律。

　　第 3 章光电稳定平台系统辨识，在研究光电稳定平台补偿系统工作原理及控制算法的基础上，针对光电稳定平台补偿系统的高度非线性特点，结合补偿系统辨识精度的需求，采用了基于自适应遗传小波神经网络的光电稳定平台系统辨识方法，有效辨识了光电稳定平台的补偿特性。

　　第 4 章基于载荷运动的图像质量退化效应分析，分析载荷运动模式，构建不同模式下载荷成像退化模型，在仿真的退化遥感图像基础上，合理选择图像质量评价方法，通过评价指标获取图像退化效果，进而建立载荷运动引起图像质量退化的敏感性分析通用方法。

　　第 5 章大气风场传递效应分析原型系统，在前面几章研究成果的基础上，开发了大气风场传递效应分析原型系统，通过配置系统参数，验证无人机遥感载荷风场传递效应中关键技术的正确性和有效性。

　　为了进一步提高我国无人机遥感数据质量，提升我国无人机遥感数据应用效能，作者通过写作本书贡献出自己的绵薄之力。书中若有不妥之处，敬请批评指正。此外，本书成稿依托于中国科学院光电研究院对地观测技术研究部、中国科学院定量遥感信息技术重点实验室，为本书出版提供了各方面支持，在此作者对实验室全体同事表示衷心的感谢；杨维新博士在对地观测部学习期间，将研究工作总结在"无人机遥感载荷成像的大气风场传递效应分析关键技术研究"论文中，本书参考并引用了该论文的相关内容。

目　　录

第1章　绪　　论

无人机遥感作为航空遥感的重要组成部分，集中了航空、电子、光学、计算机、通信、地学等多个学科的最新研究成果，是目前低成本条件及恶劣环境下快速获取遥感数据的最有效手段，并已广泛应用于土地勘测、环境保护、大气探测、灾害预警、应急响应、林业资源调查、反恐维稳、农业生产、城市规划等众多行业，在国民经济建设和国家信息化战略发展中逐步显示出越来越突出的潜能。无人机遥感的数据质量决定了其应用效能和应用潜力，因此，如何利用无人机平台获取高质量的遥感数据，成为无人机遥感领域的一个重点研究内容（李传荣等，2014）。

1.1　无人机遥感应用及风场传递效应研究概述

作为航空遥感的重要组成部分，无人机遥感具有高分辨率和高时效性的技术优势：在空间上，弥补了航天遥感在对地物实施精细观测和提供精细地物结构信息方面的不足；在时间上，缩短了对同一区域重复观测的周期，提高对目标地物环境动态监测的效率。相比于其他航空遥感，无人机遥感又具有制造和维护成本低、实施机动灵活、响应速度快、运行风险低、适于高危地区探测等优点。无人机遥感具备上述极其突出的特点，使其成为传统空天对地观测（卫星、载人飞机、飞艇等）遥感数据手段的强有力补充。目前，无人机遥感已经在农业监测、森林资源调查、灾情评估、环境监测与治理、土地变化动态评估等多个领域得到了广泛的应用。

农业是国民经济的基础，但是农田病虫草害和自然灾害发生频繁。因此，对农田环境、作物生长状况及灾害进行动态监测具有十分重要的意义（戴昌达等，2004）。无人机遥感在农业方面的应用主要包括以下三个方面。一是农作物种植面积评估。Pan 等（2015）基于无人机获取的遥感图像，采用分层随机抽样方法，选择江苏省地区规模指标作为辅助变量，对大区域的农作物种植面积进行评估，估算精度可达 95% 以上。李宗南等（2014）利用小型无人机遥感试验获取红、绿、蓝三个波段遥感影像，研究了灌浆期玉米倒伏面积提取方法。Mesas-Carrascosa 等（2014）利用高分辨率无人机遥感影像来测量地块面积，监督土地政策。二是农作物生长状况监测，如作物生长变化、植被盖度变化、作物生物量估测等。Vega 等（2015）利用无人机携带多光谱遥感载荷，获取向日葵生长过程中的多时相影像，并计算它的植被指数值，为监测其生长状况提供重要的数据信息。李冰等（2012）利用低空无人机多光谱载荷观测系统，获取冬小麦生长过程中 5 个主要阶段的时间序列影像，通过计算时空序列影像的植被指数，构建了植被覆盖度的变化监测模型。Bendig 等（2015）利用无人机遥感技术获取大麦多时段红、绿、蓝三个波段的遥感影像，构建大麦株高信息的计算模型，结合地面高光谱数据计算出植被指数和株高信息，估测大麦生物量。三是农作物灾害监测。Schmale 等（2008）利用无人机获取农田的高光谱影像，对影像进行精确抽样分析，获取农作物病虫草害情况。冷伟峰等（2012）利用无人机航拍小麦冠层影像，分别分析从影像获得的小麦冠层反射率和红、绿、蓝三个波段的反射率与病情指数之间的关系，并利用这 4 种反射率构建了小麦条锈病病情指数的反演模型，证实了利用无人机遥感进行小麦条锈病监测的可行性。

森林资源调查与监测是森林资源经营管理的核心任务之一，也是实现林业的可持续经营、建设生态文明社会的重要工作。森林资源监测要求通过对森林资源数量、质量、结构、分布、生长、消耗，以及与森林资源有关的自然、社会、经济等变化情况进行连续调查，从而为林业的经营管理提供重要的信息支撑。传统的森林资源调查外业工作量大、周期长，需要耗费大量的人力、物力和财力。随着无人机技术的发展，国内外已有相关学者利用无人机遥感技术开展森林资源普查和监测方面的研究。Paris 和 Bruzzone（2015）利用无人机平台获取的 LiDAR 数据，结合已获取的高光谱影像，构建了单个树冠高度的三维模型，用以估算树木的高度。李宇昊（2007）借助无人机遥感技术，成功实现了造林面积获取、造林成活率计算、树种辨认、株树密度计算、林龄确定，以及对造林地进行自动定位等，大大提升了全国营造林核查工作质量与效率，减少了核查成本，提高了林业调查技术水平。韦雪花（2013）利用机载 LiDAR 点云数据有效提取林分平均高、单木树高、林分密度等树木参数，通过与实地调查数据真值对比，由 LiDAR 点云数据提取的林分平均高精度达 83%，单木精度达 88%，每公顷株数精度达 84%。王伟（2015）利用无人机平台获取的数字高程数据和数字正射影像，结合目标分类方法、多尺度分割技术和空间分析技术，对单木冠幅、单木树高、林分郁闭度、株数密度等森林参数信息的提取精度可达到 70%以上。

地质灾害遥感调查是利用遥感技术对自然因素或人为活动引发的山体崩塌、滑坡、泥石流、地面塌陷、地裂缝、地面沉降等与地质作用有关的地质灾害体进行调查。通过遥感技术了解地质灾害的现状、变化规律和特征，预测地质灾害发生发展的趋势，最大限度地减少损失，达到防灾减灾的目的。Lewyckyj 和 Everaerts（2005）利用无人机遥感技术，通过分析正射影像中的受灾情况，准确评估场地和村庄的损失，为减灾提供了及时、准确的数据。日本减灾组织使用无人机携带高精度数码摄像机和雷达扫描仪对正在喷发的火山进行调查，抵达人们难以进入的地区快速获取现场实况，对灾情进行评估。无人机在 2008 年汶川大地震中更是发挥了重要作用，梁京涛（2013）利用无人机及时获取灾区的遥感影像，分析获取灾区震后的房屋、道路等损毁程度与空间分布信息，为救援、灾情评估、地震次生灾害防治和灾后重建等工作提供了第一手的信息和科学决策依据。

经济的快速发展和工业规模的不断扩大，给大气、水源、土壤等带来了潜在的环境污染隐患，利用无人机遥感技术可短时间内完成环境监测的工作。洪运富（2015）利用无人机遥感技术获取江苏省扬州市南水北调工程东线区域的 CCD 影像,通过影像分析获取污染源。梁志鑫(2010)针对建设项目有关水土流失的问题,在现有监测技术的基础上,提出利用无人机遥感技术获取目标区域的数字高程数据,计算不同时期的坡度信息,通过坡度和高度数据信息的对比分析,获取对水土保持的动态监测结果。张雅文(2017)以鄂北地区水资源配置工程为例,从无人机遥感数据获取、监测信息提取、监测信息应用三个方面开展水土保持监测研究,结果表明无人机监测效率是传统人工监测效率的 3~5 倍。靳雷(2013)通过无人机遥感平台获取河流的高分辨遥感影像,建立数字地形模型,获取河床面积、植被覆盖等信息,全面研究河流生态系统的状态。

综上,无人机遥感已在多个行业得到深入应用。进一步研究发现,无人机遥感数据质量在很大程度上决定了其应用效能。随着经济的快速发展,对高质量无人机遥感数据的需求剧增,如何提高无人机遥感数据质量、提升数据应用效能,是无人机遥感行业研究人员必须面对的问题。为此,本书针对无人机和平台载荷,来研究大气风场传递效应对获取遥感数据质量的影响,以期减少数据获取过程中的退化因素,提高无人机遥感数据质量。

国内外无人机相关技术的飞速发展,以及无人机系统种类多、用途广等特点,使其在尺寸、质量、航程、飞行高度、任务等多方面都存在较大差异。由于无人机的多样性,出于不同考量而对无人机有不同的分类方法(无人机(百度百科词条)):按飞行平台结构类型可分为固定翼无人机、旋翼无人机;按用途可分为军用无人机、民用无人机;按空机质量可分为微型无人机(小于 7kg)、轻型无人机(7~116kg)、中型无人机(116~5700kg)和大型无人机(大于 5700kg);按飞行作业高度分类可分为超低空无人机(小于 100m)、低空无人机(100~1000m)、中空无人机(1000~7000m)、高空无人机(7000~18000m)和超高空无人机(大于 18000m)。因本书依托的国家 863 项目"无人机遥感载荷综合验证系统"外场科学试验选用的是固定翼、低中空、中型无人机,为了研究的科学性、真实性和可对比性,本书以此类固定翼、低中空、中型无人机平台作为研究对象,开展大气风场传递效应的遥感数据质量退化因素研究。

无人机平台搭载的载荷包括光学载荷和 SAR 载荷。在成像模式方面,光学载荷通常采用中心投影面域成像和推扫式扫描成像来获取信息数据,而 SAR 载荷一般通过侧视成像方式发射和接收面域微波信号,并通过信号处理(距离压缩、距离徙动校正、方位压缩等)等手段后期合成对应于地面目标的复数数据图像。由于 SAR 载荷可通过高精度位置姿态系统、相位梯度自聚焦等运动补偿手段克服大气风场传递效应对载荷成像数据质量的影响,为此本书重点以光学载荷为研究对象来开展遥感数据质量的退化因素研究。

在无人机平台和光学载荷类型确定的情况下,分析无人机遥感数据获取的链路,减少影响数据质量退化的因素,是提高其质量的最有效措施。在多次试验的基础上归纳总结后认为,无人机遥感数据获取及应用链路包括任务规划、遥感数据获取、遥感数据处理和遥感数据应用四个部分，如图 1.1 所示。

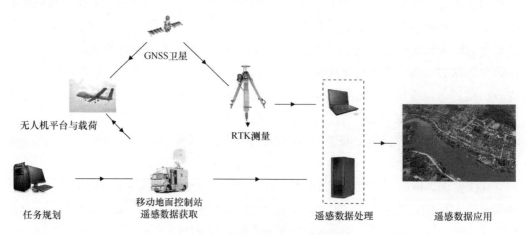

图 1.1　无人机遥感数据获取及应用链路图

　　首先，在任务规划阶段，研究人员根据用户的任务目标，分析无人机外场试验的环境条件、承载系统、数据获取要求，以及相应的支撑条件等，选择合适的无人机平台和载荷，在此基础上规划满足任务需求的飞行任务航迹；其次，开展飞行的地面准备工作，无人机搭载遥感载荷在移动地面控制站和全球导航卫星系统（GNSS）的共同协助下，实施无人机遥感数据获取飞行作业任务，获取目标区域的遥感数据；再次，遥感数据处理部分对获取的无人机遥感数据进行辐射与几何校正处理，生成遥感信息产品；最后，结合具体应用需求，将处理后的无人机遥感信息产品与行业领域信息相融合，指导科学研究和生产实践。通过对上述无人机遥感数据获取及应用链路进行分析不难发现，无人机遥感数据获取是链路中影响无人机遥感数据质量的最关键一环，而无人机遥感平台的作业环境——大气风场（它是指局地范围内的风速和风向形成的一种气象现象，具有很强的地域性，如海陆风场、山谷风场、热岛风场等），又是影响和导致无人机遥感数据质量退化的源头因素。

　　大气风场具有流动性强、波动大、变化快等特点，具体表现为大气中各位置的风场强度和方向变化都极快。已有学者针对大气风场作用下无人机飞行状态进行了探索研究。俞玮（2004）根据长航时无人机的特殊飞行任务特点和技术要求，研究了大展弦比、长航时无人机在特定大气风场（Dryden 紊流模型、微下击暴流模型和过山气流模型）作用下的飞行状态。张成（2008）重点研究了临近空间环境下大气风场的建模方法，仿真无人机在变化的大气风场中的飞行响应特性，讨论大气风场对飞行性能曲线的影响，以及无人机在变化的大气风场中爬升时的航迹优化。

　　无人机遥感平台在空中作业时，时刻变化的大气风场与无人机遥感平台相互作用，导致无人机遥感平台的姿态也随之发生变化。大气风场的传递效应，依次引起无人机平台姿态、稳定平台姿态、载荷姿态等发生相应变化，最终导致所获取的无人机遥感数据出现质量退化。在国家 863 计划重点项目"无人机遥感载荷综合验证系统"中，无人机遥感平台搭载的光学载荷因受大气风场及其传递效应的影响，其载荷姿态在遥感数据获取过程中不断发生变化，导致获取的遥感影像出现模糊和几何畸变等退化现象。图1.2和图1.3分别展示了线阵高光谱无人机遥感原始影像和几何校正后影像。

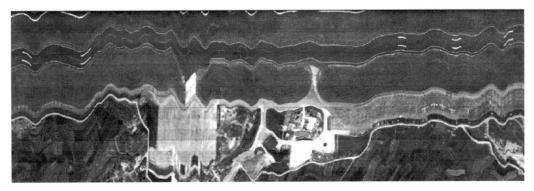

图1.2　线阵高光谱无人机遥感原始影像

图1.3　线阵高光谱无人机遥感几何校正后影像

为降低大气风场对无人机遥感图像质量的影响，研究人员在无人机平台和光学载荷之间加装光电稳定平台，利用光电稳定平台的实时姿态补偿特性，减少无人机平台姿态变化对载荷姿态的影响，以期在遥感图像获取时载荷处于稳定状态。然而，由于受机械传动和控制精度等的限制，光电稳定平台时常难以完全消除无人机姿态变化带来的影响，获取的无人机遥感图像质量仍出现不同程度退化。倘若这些质量退化的遥感图像在后期数据处理过程不能得到有效纠正，将大大降低无人机遥感数据的应用效能，从而无法满足各行业对高质量航空遥感数据的应用需求。

目前，市场对高质量无人机遥感数据的巨大需求与我们实际获取数据的质量之间存在非常突出的矛盾。因此，有必要开展无人机遥感载荷成像风场传递效应研究，系统分析大气风场变化对无人机平台上的光学遥感载荷成像质量的影响，为获取高质量无人机遥感图像数据提供技术支撑。

1.2 无人机遥感载荷成像风场传递效应研究的必要性与意义

我国正处于社会经济高速发展时期，环境、农业、资源、减灾、测绘和大型基础设施建设等许多行业都需要高质量的遥感数据为其提供空间信息支持，尤其非常需要高时空分辨率遥感数据。为此，我国自"十五"规划以来，部署了大量与无人机遥感相关的项目，经费达数十亿元，希望能在无人机遥感数据获取技术方面取得重大突破，提升获取高分辨率、高时效性遥感数据信息的能力。目前，我国在无人机平台和遥感载荷研制方面已经取得了长足进展：在无人机平台研制方面，我国已成功自主研发了 BZK-005、鹞鹰、海巡者、VD-500 等多种型号的无人机；在载荷研制方面，多光谱/高光谱相机、合成孔径雷达、三维立体成像仪、红外成像仪等多种机载载荷也已投入使用。这些都为获取高质量的无人机遥感数据提供了必要的设备基础和技术保障。

近年来，当汶川地震、玉树地震、舟曲泥石流、北京 2012 年 7 月 21 日大雨引发的山体滑坡、洪水等大型自然灾害突发时，迫切需要能在恶劣环境下快速、高效获取有关灾区的高质量遥感数据，以便能以最高效率获取灾区的灾情信息，为应急救灾决策提供空间信息支持。无人机遥感因具有机动性好、作业周期短、可在恶劣环境下保证人员零伤亡等优势，从而能方便快捷地获取灾区信息，因此近年来在灾情获取方面的应用效能逐步提升。

不过，就目前而言，我国无人机遥感数据的应用很难达到预期的效果，导致其利用率普遍不高。通过深度剖析，我们不难发现，无人机遥感数据质量不高是影响其应用效能的主要原因之一。鉴于大气风场是影响并导致无人机遥感数据质量退化的源头因素，为了提高无人机遥感数据质量，我们需要剖析大气风场变化对遥感数据质量的影响，从而寻求它们之间的内在联系，以便为将来有效降低大气风场的影响和提高无人机数据质量奠定可靠的技术基础。

大气风场传递效应是指大气风场作用于无人机平台，导致无人机平台姿态发生变化，进而通过光电稳定平台传递给遥感载荷，引起载荷获取数据质量出现退化问题。系统地研究大气风场传递效应对无人机遥感载荷数据质量的影响，能为将来获取高质量的航空遥感数据奠定必要的技术基础，并且也对无人机遥感链路中相关设备的研制具有十分重要的指导意义。

（1）在研究无人机平台姿态受大气风场作用影响的过程中，通过改变大气风场模型的相关参数，构建高质量的大气风场环境，分析无人机与风场的相互作用。在此基础上，可利用高精度常微分方程解算方法，来有效获知无人机在不同受迫状态下的姿态信息。对这些姿态信息加以分析，可以获知其分布规律，能为无人机固有频率、翼展、机体结构等参数设计提供可靠的参考依据。

（2）光电稳定平台是遥感载荷与无人机平台连接的桥梁。通过光电稳定平台，在额定功率条件下补偿无人机平台姿态的变化，使载荷在数据获取过程中处于平稳状态，进而获取高质量的航空遥感数据。通过研究大气风场作用下无人机姿态变化的内在规律，能为光电稳定平台的相关指标设计提供重要的数据支撑，如额定功率、响应特性等。

（3）通过研究无人机遥感载荷成像机理，从数据获取链路过程分析入手，获取无人机遥感数据质量退化因素。在未来的载荷设计和研制中，有针对性地避免或减少引起图像质量退化的因素，以需求为牵引来优化载荷关键应用性能指标，为获取满足应用需求的无人机遥感数据奠定重要的设备基础。

1.3　无人机遥感载荷成像风场传递效应关键技术

作为一种新型的航空遥感数据获取手段，无人机遥感获取高质量的遥感图像尚有一些亟待解决的问题。通过分析无人机遥感数据获取链路，不难发现诸如大气风场与无人机相互作用及其平台姿态解算、实际工况下光电稳定平台补偿特性、无人机遥感图像质量与载荷运动之间关系、基于无人机遥感图像成像机理的图像复原等，这些是无人机遥感载荷风场传递效应中的关键技术。解决上述关键技术问题，将能有效提高无人机遥感的数据质量，提升无人机遥感数据的应用效能。本书将针对上述问题，重点从以下四个方面开展研究。

1）大气风场作用下无人机姿态仿真与分析技术

基于无人机遥感作业目标区域大气风场的历史数据，研究不同强度和尺度的高质量三维大气风场建模方法，分析大气风场与无人机平台的作用机理，构建能够准确反映无人机平台姿态变化的模型。在此基础上，高精度解算无人机姿态信息，进而获取载荷成像过程中无人机姿态变化特性，为无人机遥感精密测控定位和光电稳定平台高精度姿态补偿研究奠定基础。相关内容见第 2 章。

2）光电稳定平台补偿系统高精度辨识技术

分析光电稳定平台补偿系统的输入输出特性，研究光电稳定平台在无人机遥感数据获取过程中的姿态补偿响应特性及其约束条件，构建光电稳定平台补偿系统高精度辨识模型，实现光电稳定平台姿态补偿特性的高精度辨识，获取成像过程中的载荷姿态数据信息。相关内容将在第 3 章详细讨论。

3）载荷运动的图像质量退化效应敏感性分析技术

无人机遥感图像质量退化程度与载荷运动因素敏感程度不一，为了获知载荷运动各因素对图像质量的影响，从光学载荷的成像机理出发，构建载荷在静止、运动状态下的成像模型，有针对性地组建图像质量评价体系。根据图像质量评价结果，研究载荷运动导致的图像问题，并进一步构建基于载荷运动的图像质量退化效应敏感性分析方法。相关内容将在第4章详细讨论。

4）大气风场传递效应分析原型系统

在前面几章研究内容的基础上，开发了大气风场传递效应分析原型系统，通过配置研究过程中的关键技术参数，验证无人机遥感载荷风场传递效应中关键技术的正确性和有效性。相关内容将在第5章详细讨论。

参 考 文 献

戴昌达，姜小光，唐伶俐. 2004. 遥感图像处理应用与分析. 北京：清华大学出版社.

洪运富，杨海军，李营，等. 2015. 水源地污染源无人机遥感监测. 中国环境监测，31(5): 163-166.

靳雷，刘洋，张硕，等. 2013. 无人机遥感系统在某河流域环境监测项目中的应用. 环境保护与循环经济，(8): 55-57.

科普中国. 2017. 无人机. https://baike.baidu.com/item/无人机/2175415?fr=aladdin, 2017.11/2017.11. 2017-11-30.

冷伟峰，王海光，胥岩，等. 2012. 无人机遥感监测小麦条锈病初探. 植物病理学报，42(2): 202-205.

李冰，刘镕源，刘素红，等. 2012. 基于低空无人机遥感的冬小麦覆盖度变化监测. 农业工程学报，28(13): 160-165.

李传荣，等. 2014. 无人机遥感载荷综合验证系统技术. 北京：科学出版社.

李宇昊. 2007. 无人机在林业调查中的应用实验. 林业资源管理，8(4): 69-73.

李宗南，陈仲新，王利民，等. 2014. 基于小型无人机遥感的玉米倒伏面积提取. 农业工程学报，30(19): 207-213.

梁京涛，成余粮，王军，等. 2013. 基于无人机遥感技术的汶川地震区典型高位泥石流动态监测. 中国地质灾害与防治学报，24(3): 54-61.

梁志鑫，卢宝鹏，张焘. 2010. 无人机技术在生产建设项目水土保持监测中的应用. 吉林农业，(9): 137, 155.

王伟. 2015. 无人机影像森林信息提取与模型研建. 北京：北京林业大学硕士学位论文.

韦雪花. 2013. 轻小型航空遥感森林几何参数提取研究. 北京：北京林业大学博士学位论文.

俞玮. 2004. 变化风场的建模与大展弦比无人机飞行仿真. 陕西：西北工业大学硕士学位论文.

张成. 2008. 临近空间大气认知建模及无人机飞行仿真. 上海：上海交通大学硕士学位论文.

张雅文，许文盛，韩培，等. 2017. 无人机遥感技术在生产建设项目水土保持监测中的应用——以鄂北水资源配置工程为例. 中国水土保持科学，15(2): 132-139.

Bendig J, Yu K, Aasen H, et al. 2015. Combining UAV-based plant height from crop surface models, visible, and near infrared vegetation indices for biomass monitoring in barley. International Journal of Applied Earth Observation & Geoinformation, 39: 79-87.

Lewyckyj N, Everaerts J. 2005. PEGASUS: A future tool for providing near real-time high resolution data for disaster management. Geo-Information for Disaster Management, 181-189.

Mesas-Carrascosa F J, Notario-García M D, Meroño de Larriva J E, et al. 2014. Validation of measurements of land plot area using UAV imagery. International Journal of Applied Earth Observation and Geoinformation, 33: 270-279.

Pan Y Z, Zhang J S, Shen K J. 2015. Crop area estimation from UAV transect and MSR image data using spatial sampling method: A Simulation Experiment. Environmental Sciences, 26: 95-100.

Paris C, Bruzzone L. 2015. A three-dimensional model-based approach to the estimation of the tree top height by fusing low-density LiDAR data and very high resolution optical images. IEEE Transactions on Geoscience and Remote Sensing, 53(1): 467-480.

Schmale I D G, Dingus B R, Reinholtz C. 2008. Development and application of autonomous unmanned aerial vehicle for precise aerobiological sampling above agricultural fields. Journal of Field Robotics, 25(3): 133-147.

Vega F A, Ramírez F C, Saiz M P, et al. 2015. Multi-temporal imaging using an unmanned aerial vehicle for monitoring a sunflower crop. Biosystems Engineering, 132: 19-27.

第2章 大气风场作用下无人机姿态
仿真与分析

　　无人机遥感向农业、林业、气象、地质勘探等应用领域的不断扩展，促使无人机遥感领域研究愈发聚焦在如何提升数据产品质量这方面。通过分析无人机遥感数据获取过程不难发现，影响无人机遥感数据质量的一个重要因素是大气风场。本章将重点讨论大气风场作用下无人机姿态仿真与分析技术，利用仿真分析方法，讨论复合大气风场的模型构建，分析大气风场与无人机相互作用的机理，解析无人机作业过程中的姿态变化规律。

2.1　大　气　风　场

　　如第1章所述，本书研究对象聚焦于固定翼、中低空无人机，飞行高度在100～7000m，在此范围内，不同地理位置和地貌环境下，大气风场成分不一。其中，突风和大气紊流是大气环境中两种极其重要的风场类型。因此，本书将风场研究聚焦在由突风场和大气紊流场组成的复合大气风场。

2.1.1　突风场

　　突风是指风速在短时间内发生剧烈变化的风，通常是指"瞬间具有极大风速的风"。一般情况下，突风的速度要比平均风速大50%以上，并且在一次阵风达到最大风速后，短时间内风速又迅速下降为平均风速的一半，随后又出现另一次最大风速。由于突风风速变化特别快和忽大忽小的特点，当无人机遥感平台遇到突风时，不同位置受到风场的作用力瞬间增大或减小，导致无人机姿态变化的幅度和频率较大。因此，突风是造成无人机平台姿态快速变化的一个非常重要的因素。

　　针对突风场模型的研究，已有学者根据历史资料实测统计数据，按剖面的几何形状对突风场进行分类，基本上可分为三角形、梯形、（1–cosine）全/半波形等几种模型（肖业伦和金长江，1993），典型的几种突风场模型如下。

　　1）三角形模型（图2.1）

$$V_{\mathrm{w}} = \begin{cases} \dfrac{x}{d_{\mathrm{m}}} V_{\max} & (0 \leqslant x \leqslant d_{\mathrm{m}}) \\[2mm] \dfrac{2d_{\mathrm{m}} - x}{d_{\mathrm{m}}} V_{\max} & (d_{\mathrm{m}} < x \leqslant 2d_{\mathrm{m}}) \\[2mm] 0 & (x < 0 \ \text{or} \ x > 2d_{\mathrm{m}}) \end{cases} \tag{2.1}$$

2）梯形模型（图 2.2）

$$V_\mathrm{w} = \begin{cases} \dfrac{x}{h}V_\mathrm{max} & (0 \leqslant x \leqslant h) \\ V_\mathrm{max} & (h < x \leqslant 2d_\mathrm{m} - h) \\ \dfrac{2d_\mathrm{m} - x}{h}V_\mathrm{max} & (2d_\mathrm{m} - h < x \leqslant 2d_\mathrm{m}) \\ 0 & (x < 0 \ \mathrm{or} \ x > 2d_\mathrm{m}) \end{cases} \qquad (2.2)$$

3）全波形模型（图 2.3）

$$V_\mathrm{w} = \begin{cases} \dfrac{V_\mathrm{max}}{2}\left(1 - \cos\dfrac{\pi x}{d_\mathrm{m}}\right) & (0 \leqslant x \leqslant 2d_\mathrm{m}) \\ 0 & (x < 0 \ \mathrm{or} \ x > 2d_\mathrm{m}) \end{cases} \qquad (2.3)$$

4）半波形模型（图 2.4）

$$V_\mathrm{w} = \begin{cases} 0 & (x < 0) \\ \dfrac{V_\mathrm{max}}{2}\left(1 - \cos\dfrac{\pi x}{d_\mathrm{m}}\right) & (0 \leqslant x \leqslant d_\mathrm{m}) \\ V_\mathrm{max} & (x > d_\mathrm{m}) \end{cases} \qquad (2.4)$$

式（2.1）～式（2.4）中，V_w 为高度方向上 x 对应的突风速度；V_max 为突风的最大风速；$x=0$ 为研究选择的坐标原点（$x<0$ 为高度低于坐标原点）；d_m 为突风尺度；h 为梯形突风的前、后沿突风速度由 0 增至 V_max 所经历的大气层厚度。

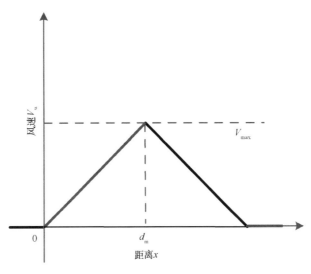

图 2.1　三角形突风模型

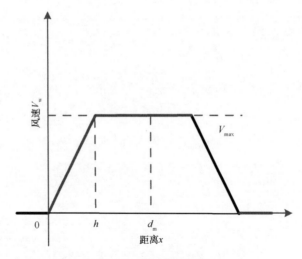

图 2.2　梯形突风模型

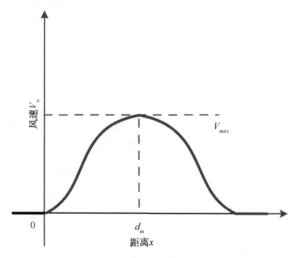

图 2.3　全波形突风模型

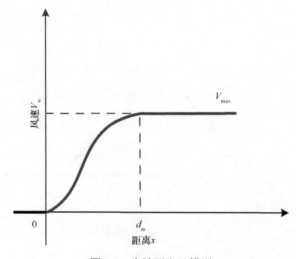

图 2.4　半波形突风模型

在飞机飞行品质评定、飞机强度计算和飞行控制系统设计中，一般采用（1−cosine）离散突风模型（肖业伦和金长江，1993）。其中，（1−cosine）半波形离散突风模型较（1−cosine）全波形离散突风模型使用起来更为灵活方便。例如，将多个（1−cosine）半波形离散突风模型顺序连接，即可构成一种新的突风形式，如图 2.5 所示。

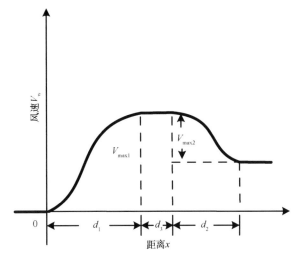

图 2.5　两个半波形突风的叠加

本书不做进一步研讨，将选用半波形突风模型作为研究对象。突风尺度 d_m 和突风强度 V_{max} 两个参数决定了半波形突风模型的特性，且可通过式（2.5）求解半波形状的突风梯度：

$$\frac{\partial V_w}{\partial x} = \frac{\pi}{2}\frac{V_{max}}{d_m}\sin\frac{\pi x}{d_m} \tag{2.5}$$

式（2.5）表述了突风梯度 $\dfrac{\partial V_w}{\partial x}$ 与大气层厚度 x、突风强度（最大风速）V_{max} 及突风尺度 d_m 之间的关系。

2.1.2　大气紊流场

大气紊流是指叠加在平均风上的连续随机运动，它引起紊流场中的每一点在压强、速度、温度等物理特性上的不断变化。大气紊流运动伴随着能量、动量和物质的传递和交换，传递速度远大于层流，因此紊流中的扩散、风切压力和能量传递也要大得多，这些都将引起无人机平台姿态的变化。

大气紊流场是影响无人机姿态变化的重要因素之一，近年来众多学者有针对性地进行风场数据信息采集，研究大气紊流场建模方法，提出了多种大气紊流场模型，其中具有代表性的大气紊流场模型是 Von Karman 模型和 Dryden 模型（蔡坤宝等，2004）。这两种模型采用了不同的建模方式：Dryden 模型是先建立相关函数，然后推导出频谱函数；而 Von Karman 模型则相反，是先建立频谱函数，然后推导出相关函数。这两种模型的频谱在低频区域几近重合，在高频区域则显示出较大差异。例如，Von Karman 模型的频谱在高频部分的斜率变化是–5/3，而 Dryden 模型在高频部分的斜率变化则为–2。如果仅研究大气风场低频对无人机平台的影响，可以认为这两种模型基本上是相同的。由于无人机结构的模态频率通常处在高频范围，故高频范围的大气紊流最有可能激发飞机结构振动，对飞机姿态影响较大，因此研究无人机姿态受大气风场影响下的变化情况，最好是基于斜率绝对值较小的 Von Karman 模型来建立大气紊流模型。

选取 Von Karman 模型作为研究对象，构建大气紊流场的方法包括时域法（指信号强度是时间的函数）和频域法（指信号幅度是频率的函数）。对比两种方法，时域法条理清晰，物理意义明确，优点较为明显，已被绝大多数学者选用。为此，本书也选用时域法构建大气紊流场。

时域法构建大气紊流场是利用高斯白噪声，通过成形滤波器（大气紊流场模型通过空域、频域、时域变换即可得到）来实现的，因此高斯白噪声、成形滤波器的质量决定了大气紊流场的质量。为此，本书对部分环节解算方法进行了优化和改进，具体内容包括以下几点：首先，采用随机双交换方法，提高白噪声的质量；其次，基于选用的 Von Karman 模型，通过空域→频域→时域的转换，获取在时域内成形滤波器的解析表达式，并引入非线性最小二乘法，将成形滤波器中的无理参数以最小均方误差形式进行有理化，从而构建出高质量的一维大气紊流场；最后，在充分考虑大气紊流场自相关特性的基础上，逐步构建起二维、三维大气紊流场，并利用互相关检验方法，检测大气紊流场的质量。

1. 一维大气紊流场

采用时域法来构建一维大气紊流场，主要需要构建高斯白噪声和成形滤波器，构建原理如图 2.6 所示。其中，$n_1(t), n_2(t), n_3(t)$ 为高斯白噪声信号，输出紊流信号包括三个方向上 $u(t), v(t), w(t)$ 的一维紊流场。

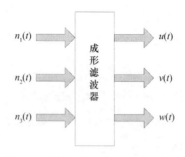

图 2.6　构建一维大气紊流场原理图

1）优化高斯白噪声

白化程度是衡量高斯白噪声优劣的重要指标，通过改变高斯白噪声信号的内部顺序，降低信号间的相关程度，可以提高高斯白噪声的质量。本书通过引入随机双交换方法（Jacquemod et al.，1992）来改变白噪声信号序列的内部顺序，实现高斯白噪声的优化。具体算法步骤如下。

（1）随机选取一个白噪声序列 $x_i(n)$，其中 $i = 0$，$n = 0, 1, 2, \cdots, N-1$。

（2）将序列中任意两个点的数据 $x_i(m)$、$x_i(l)$ 交换其位置，得到新的噪声序列 $x_{i+1}(n)$。

（3）计算新序列 $x_{i+1}(n)$ 的自相关函数：

$$r_{i+1} = \frac{1}{N} \sum_{n=0}^{N-k-1} x_{i+1}(n) x_{i+1}(n+k) \qquad k = 0, 1, 2, \cdots, N-1 \qquad (2.6)$$

（4）计算自相关系数平方和：

$$S_{i+1} = \sum_{k=1}^{N-1} \left(r_{i+1}(k) \right)^2 \qquad i = 0, 1, 2, \cdots \qquad (2.7)$$

其中，S_0 为原始序列 $x_0(n)$ 的自相关系数平方和，以判断在步骤（6）中 S_1 与 S_0 进行对比后循环次数是否+1。

（5）对于设定的误差阈值 θ，在某次交换后，当序列的自相关系数平方和满足 $S_{i+1} < \theta$ 或循环次数 i 达到最大循环次数 $N_{\max}$ 时，则停止交换，输出经过优化的白噪声序列 $x_{i+1}(n)$。

（6）若 $S_{i+1} < S_i$，则循环次数 $i=i+1$，返回步骤（2）继续运算；反之，返回步骤（1），重新选择新的白噪声序列并执行上述步骤。

随机双交换方法仅仅改变了白噪声信号的内在顺序，改变的是信号的内部分布，以减少相关性。改进后的白噪声信号的均值、方差不变，仍然满足高斯分布。

功率谱密度（power spectral density，PSD），即信号强度平方和，是衡量噪声白化程度的一个重要指标。PSD 分布越均匀，则噪声的随机性越强，质量越好。为了检验随机双交换方法对高斯白噪声质量的提升效果，设定阈值为 $\theta = 10^{-6}$，最大循环次数 $N_{\max} = 2000$，计算随机双交换前后白噪声序列的功率谱密度，结果如图 2.7 和图 2.8 所示。比较这两张图可以发现，优化后白噪声序列的 PSD 分布比优化前更均匀。根据 PSD 评价准则可知，随机双交换方法提高了高斯噪声的质量。

2）成形滤波器

T. Von Karman 根据理论和测量数据，推导出大气紊流能量频谱函数（肖业伦和金长江，1993），如式（2.8）所示：

$$E(\Omega) = \sigma^2 \frac{55L}{9\pi} \frac{(\alpha L \Omega)^4}{[1 + (\alpha L \Omega)^2]^{\frac{17}{6}}} \qquad (2.8)$$

式中，σ 为紊流强度；L 为紊流尺度；$\alpha = 1.339$；Ω 为空间频率。其在三个方向上紊流分量的空间频谱如式（2.9）所示：

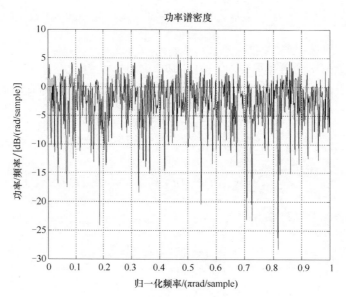

图 2.7 原高斯白噪声 PSD

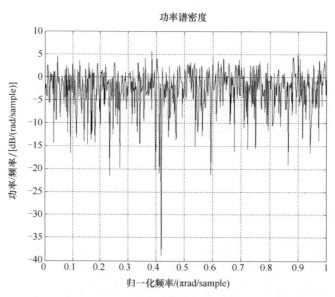

图 2.8 交换后高斯白噪声 PSD

$$
\begin{cases}
\Phi_{\mathrm{u}}(\Omega) = \sigma_{\mathrm{u}}^2 \dfrac{L_{\mathrm{u}}}{\pi} \dfrac{1}{[1+(\alpha L_{\mathrm{u}}\Omega)^2]^{\frac{5}{6}}} \\[4mm]
\Phi_{\mathrm{v}}(\Omega) = \sigma_{\mathrm{v}}^2 \dfrac{L_{\mathrm{v}}}{\pi} \dfrac{1+\dfrac{8}{3}(2\alpha L_{\mathrm{v}}\Omega)^2}{[1+(2\alpha L_{\mathrm{v}}\Omega)^2]^{\frac{11}{6}}} \\[4mm]
\Phi_{\mathrm{w}}(\Omega) = \sigma_{\mathrm{w}}^2 \dfrac{L_{\mathrm{w}}}{\pi} \dfrac{1+\dfrac{8}{3}(2\alpha L_{\mathrm{w}}\Omega)^2}{[1+(2\alpha L_{\mathrm{w}}\Omega)^2]^{\frac{11}{6}}}
\end{cases}
\tag{2.9}
$$

式中，$\sigma_u, \sigma_v, \sigma_w$ 和 L_u, L_v, L_w 分别为纵向、横向、竖向的紊流强度和纵向、横向、竖向的紊流尺度。

空间频谱与时间频谱之间存在 $\Phi(\omega) = \dfrac{1}{V}\Phi(\Omega) = \dfrac{1}{V}\Phi\left(\dfrac{\omega}{V}\right)$ 的转换关系，利用该函数关系，可将空间频谱转换为时间频谱，转换后的结果如式（2.10）所示。其中，V 为无人机的飞行速度，ω 为时间频率。

$$
\begin{cases}
\Phi_u(\omega) = \sigma_u^2 \dfrac{L_u}{\pi V} \dfrac{1}{\left[1 + (\alpha L_u \frac{\omega}{V})^2\right]^{\frac{5}{6}}} \\[4mm]
\Phi_v(\omega) = \sigma_v^2 \dfrac{L_v}{\pi V} \dfrac{1 + \frac{8}{3}(2\alpha L_v \frac{\omega}{V})^2}{\left[1 + (2\alpha L_v \frac{\omega}{V})^2\right]^{\frac{11}{6}}} \\[4mm]
\Phi_w(\omega) = \sigma_w^2 \dfrac{L_w}{\pi V} \dfrac{1 + \frac{8}{3}(2\alpha L_w \frac{\omega}{V})^2}{\left[1 + (2\alpha L_w \frac{\omega}{V})^2\right]^{\frac{11}{6}}}
\end{cases}
\tag{2.10}
$$

另外，时域频谱与成形滤波器之间存在式（2.11）的函数关系：

$$
\Phi_r(\omega) = \left|G_r(j\omega)\right|^2 \varphi_r(\omega)
\tag{2.11}
$$

式中，r 为某个方向。利用该函数关系，可以推导出成形滤波器的解析表达式。进而，将式（2.10）进行共轭分解，获得成形滤波器表达式如式（2.12）所示：

$$
\begin{cases}
G_u(s) = \sigma_u \sqrt{\dfrac{L_u}{\pi V}} \dfrac{1}{\left(1 + \frac{\alpha L_u}{V}s\right)^{\frac{5}{6}}} \\[4mm]
G_v(s) = \sigma_v \sqrt{\dfrac{L_v}{\pi V}} \dfrac{1 + 2\sqrt{\frac{8}{3}}\frac{\alpha L_v}{V}s}{\left(1 + 2\frac{\alpha L_v}{V}s\right)^{\frac{11}{6}}} \\[4mm]
G_w(s) = \sigma_w \sqrt{\dfrac{L_w}{\pi V}} \dfrac{1 + 2\sqrt{\frac{8}{3}}\frac{\alpha L_w}{V}s}{\left(1 + 2\frac{\alpha L_w}{V}s\right)^{\frac{11}{6}}}
\end{cases}
\tag{2.12}
$$

式中，s 为频域变量。

用时域法构建大气紊流场，成形滤波器函数解析式必须是有理形式，而式（2.12）为无理形式，不满足要求，若选用该成形滤波器，必须将其中的无理因子转化为有理形式。为了减少有理化过程中的损失，引入非线性最小二乘法（刘国林，2002），对成形滤波器中的无理因子$\left(1+\dfrac{\alpha L_{\mathrm{u}}}{V}s\right)^{\frac{5}{6}}$、$\left(1+2\dfrac{\alpha L_{\mathrm{v}}}{V}s\right)^{\frac{11}{6}}$和$\left(1+2\dfrac{\alpha L_{\mathrm{w}}}{V}s\right)^{\frac{11}{6}}$进行有理化，结果如式（2.13）所示，其中$a_1,a_2,b_1,b_2$与大气模型参数、无人机飞行速度有关。

$$
\begin{cases}
G_{\mathrm{u}}(s)=\sigma_{\mathrm{w}}\sqrt{\dfrac{L_{\mathrm{u}}}{\pi V}}\dfrac{a_1}{1+b_1\dfrac{\alpha L_{\mathrm{u}}}{V}s} \\[4mm]
G_{\mathrm{v}}(s)=\sigma_{\mathrm{v}}\sqrt{\dfrac{L_{\mathrm{v}}}{\pi V}}\dfrac{a_2\left(1+2\sqrt{\dfrac{8}{3}}\dfrac{\alpha L_{\mathrm{v}}}{V}s\right)}{(1+2\dfrac{\alpha L_{\mathrm{v}}}{V}s)(1+b_2\dfrac{\alpha L_{\mathrm{v}}}{V}s)} \\[4mm]
G_{\mathrm{w}}(s)=\sigma_{\mathrm{w}}\sqrt{\dfrac{L_{\mathrm{w}}}{\pi V}}\dfrac{a_2\left(1+2\sqrt{\dfrac{8}{3}}\dfrac{\alpha L_{\mathrm{w}}}{V}s\right)}{(1+2\dfrac{\alpha L_{\mathrm{w}}}{V}s)(1+b_2\dfrac{\alpha L_{\mathrm{w}}}{V}s)}
\end{cases}
\tag{2.13}
$$

为了验证采用最小二乘法有理化成形滤波器的效果，在相同的仿真参数下（$\sigma_{\mathrm{u}}=\sigma_{\mathrm{v}}=\sigma_{\mathrm{w}}=1.2\mathrm{m/s}$，$L_{\mathrm{u}}=L_{\mathrm{v}}=L_{\mathrm{w}}=1.2\mathrm{m}$，$V=50\mathrm{m/s}$），将有理化的模型（标记为"improve"）与 Dryden 模型转换成形滤波器、Von Karman 模型转换成形滤波器后的空间频谱和时间频谱进行比较分析。因竖向和纵向具有相同的函数表达式，所以在三个方向上仅选择横向和纵向进行对比分析，结果如图 2.9～图 2.12 所示。

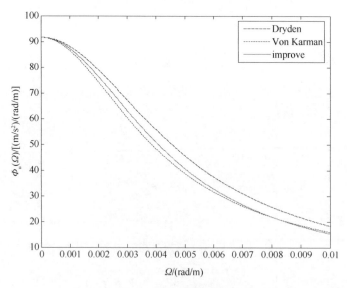

图 2.9 纵向空域频谱验证

由上述三个滤波器模型在纵向和横向的频谱图可见，采用非线性最小二乘法有理化（标记为"improve"）的成形滤波器，其空域和时域频谱能很好地逼近 Von Karman 模型频谱，且整体效果优于 Dryden 模型，尤其在高频处具有更优的逼近效果。

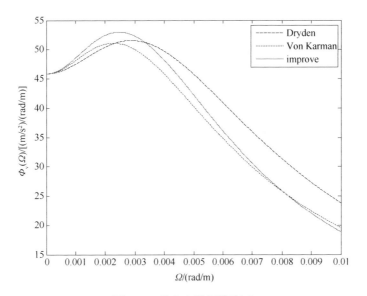

图 2.10　横向空域频谱验证

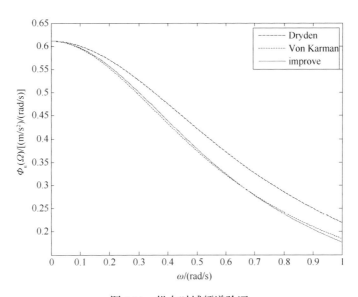

图 2.11　纵向时域频谱验证

3）一维大气紊流场

成形滤波器对应的传递函数有理化结果如式（2.13）所示。不难看出，传递函数包括一阶、二阶两种形式，以下将讨论这两种形式的大气紊流场的构建方法，具体如下（肖业伦和金长江，1993）。

（1）当成形滤波器为一阶时，函数表达式具有以下形式：

$$G(s) = \frac{x(s)}{r(s)} = \frac{K}{Ts+1} \qquad (2.14)$$

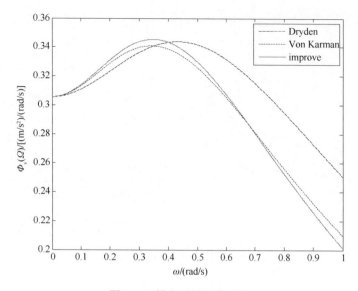

图 2.12　横向时域频谱验证

对于离散信号，需将式（2.14）离散化，生成 x_i 离散序列，函数关系如式（2.15）所示：

$$x_{i+1} = Px_i + Qr_{i+1} \tag{2.15}$$

式中，r_{i+1} 为均值为 0、标准差为 1 的高斯白噪声信号；P 和 Q 分别为

$$\begin{cases} P = e^{-h/T} \\ Q = \sqrt{1 - P^2} \end{cases} \tag{2.16}$$

式中，h 为信号离散化步长。

（2）当成形滤波器为二阶时，即

$$G(s) = \frac{x(s)}{r(s)} = \frac{K}{(T_1 s + 1)(T_2 s + 1)} \tag{2.17}$$

将二阶形式进行分解，转换为两个一阶系统，结果如下所示：

$$G(s) = \frac{K'}{T_2 s + 1} - \frac{K'}{T_1 s + 1} \tag{2.18}$$

式中，$K' = \dfrac{K}{(T_1 - T_2)s}$，令

$$\frac{x_1(s)}{r(s)} = \frac{K'}{T_1 s + 1}, \qquad \frac{x_2(s)}{r(s)} = \frac{K'}{T_2 s + 1} \tag{2.19}$$

则有 $x(s) = x_2(s) - x_1(s)$：

$$\begin{cases} x_{1,i+1} = P_1 x_{1,i} + Q_1 r_{i+1} \\ x_{2,i+1} = P_2 x_{2,i} + Q_2 r_{i+1} \end{cases} \tag{2.20}$$

式（2.20）中各参数求解方法如式（2.21）所示：

$$
\begin{cases}
P_1 = e^{-h/T_1}, \quad P_2 = e^{-h/T_2} \\
R_1 = 1 - P_1^2, \quad R_2 = 1 - P_2^2, \quad R_{12} = 1 - P_1 P_2 \\
\eta = \dfrac{T_2 R_1}{2}\left[\dfrac{T_1 + T_2}{T_1 T_2 R_{12}} + \sqrt{\left(\dfrac{T_1 + T_2}{T_1 T_2 R_{12}}\right)^2 - \dfrac{4}{T_1 T_2 R_1 R_2}}\,\right] \\
Q_1 = \eta Q_2, \quad Q_2 = \dfrac{\sigma}{\sqrt{\dfrac{1}{R_2} + \dfrac{\eta^2}{R_1} - \dfrac{2\eta}{R_{12}}}}
\end{cases}
\tag{2.21}
$$

式中，R_1，R_2，R_{12}，η 为中间变量。

仿真的大气紊流场序列为

$$
x_i = x_{2,i} - x_{1,i} \tag{2.22}
$$

其中，$x_{1,i+1}$ 和 $x_{2,i+1}$ 分别为 x_1 和 x_2 的下标为 $i+1$；$x_{1,i}$ 和 $x_{2,i}$ 分别为 x_1 和 x_2 的下标为 i。

4）一维大气紊流场质量检验

自相关方法是大气紊流场质量的一种重要检验方法，已得到了相关专家的认可（肖业伦和金长江，1993）。对于 Von Karman 模型，自相关检验方法如式（2.23）所示：

$$
\begin{cases}
f(\xi) = \dfrac{2^{1/3}}{\Gamma(1/3)}(\xi/aL)^{1/3} K_{1/3}(\xi/aL) \\
g(\xi) = \dfrac{2^{1/3}}{\Gamma(1/3)}(\xi/aL)^{1/3}\left[K_{1/3}(\xi/aL) - \dfrac{1}{2}K_{2/3}(\xi/aL)\xi/aL\right]
\end{cases}
\tag{2.23}
$$

式中，"$\Gamma(\cdot)$"为 Gamma 函数；"$K(\cdot)$"为 Bessel 函数。

对于连续信号 $x(t)$，自相关函数为

$$
R_x(\tau) = \lim_{T \to \infty} \int_0^T x(t)x(t+\tau)\mathrm{d}t \tag{2.24}
$$

对于离散信号，可以将式（2.24）离散化，自相关函数表达式为

$$
R_x(k) = \frac{1}{N-K}\sum_{i=1}^{N-K} x_i x_{i+k} \qquad k = 0,1,2,\cdots,L-1 \tag{2.25}
$$

式中，相关函数点的个数 L 应满足 $L \ll N$。

为了验证构建的一维大气紊流场质量，选择 Von Karman 模型的横向分量建立的大气紊流场作为验证对象，将仿真的一维大气紊流场与理想状态下自相关结果进行对比分析。仿真选取的参数为：紊流强度 $\sigma_u = 1.2\mathrm{m/s}$，紊流尺度 $L_u = 800\mathrm{m}$，无人机飞行速度 $V = 50\mathrm{m/s}$，仿真步长 $h = 0.1\mathrm{s}$。将改进前、后的白噪声通过成形滤波器，得到仿真的大气紊流场如图 2.13 和图 2.14 所示。

由图 2.13 和图 2.14 可见，利用改进前的噪声构建的大气紊流场振幅较大，并且在 $[-1, 1]$ 区间的值较少，而利用改进后的噪声构建的大气紊流场振幅减小，在 $[-1, 1]$ 区间的值显著增多。仿真结果印证了大气紊流场的小振幅、快速变化的特点。

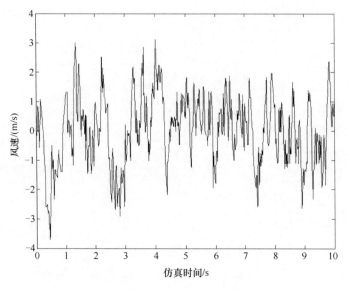

图 2.13　利用改进前的噪声仿真构建的大气紊流场

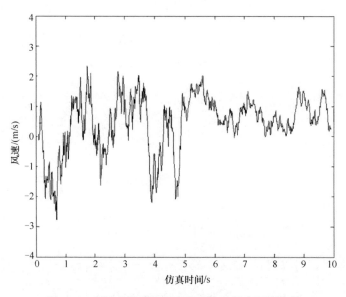

图 2.14　利用改进后的噪声仿真构建的大气紊流场

利用自相关方法检验一维大气紊流场的质量，将两种情况下构建的大气紊流场自相关值与理想状态下进行比较，结果如图 2.15 所示。利用改进前的噪声构建的一维大气紊流场的自相关性与理想状态下存在较大的差别，即仿真的大气紊流场效果不够理想；而利用改进后的随机白噪声构建的一维大气紊流场的自相关性与理想状态下吻合度较好，表明此方法可以构建高质量的一维大气紊流场。

2. 三维大气紊流场

Batchelor 研究发现，大气紊流场中任意两点的风速具有相关性，且相关性满足式（2.26）（Batchelor，1953）：

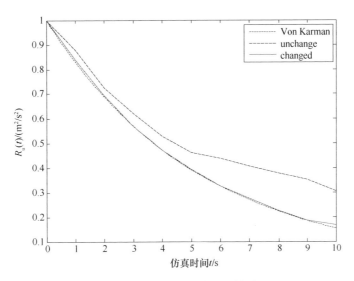

图 2.15　大气紊流场自相关检验

$$R_{ij}(\xi) = \sigma^2 \left\{ [f(\xi) - g(\xi)] \frac{\xi_i \xi_j}{\xi^2} + g(\xi) \sigma_{ij} \right\} \tag{2.26}$$

式中，$f(\xi)$ 和 $g(\xi)$ 为 Von Karman 模型纵向和横向的自相关函数；ξ 为空间相关变量；σ_{ij} 为 Kronecker 算子，并且满足：

$$\sigma_{ij} = \begin{cases} 0 & i \neq j \\ 1 & i = j \end{cases} \tag{2.27}$$

σ^2 为紊流速度均方差。

自相关函数在三个方向上的分量，满足式（2.28）：

$$\xi^2 = \xi_1^2 + \xi_2^2 + \xi_3^2 \tag{2.28}$$

通过式（2.26）可以计算空间两点的相关系数。

根据一维大气紊流场的构建方法，可以分别建立纵向、横向和竖向三个方向上的一维大气紊流场，利用大气紊流场中不同点之间风速的相关性，逐步建立二维和三维大气紊流场（Yang et al.，2010）。

对于二维大气紊流场，任意一点的风场与相邻点之间的相关性存在式（2.29）所示的函数关系：

$$x(i,j) = a_1 x(i-h, j) + a_2 x(i, j-h) + a_3 x(i-h, j-h) + \sigma_{\mathrm{w}} r(i,j) \tag{2.29}$$

式中，a_1, a_2, a_3 为空间点 (i,j) 与相邻点之间的相关系数；σ_{w} 为紊流强度；$r(i,j)$ 为标准二维 Gauss 白噪声信号。通过求解相关系数 a_1, a_2, a_3，进而解算二维大气紊流场每一点的数值。

以纵向、横向、竖向一维大气紊流场为二维紊流场边界值，利用紊流场的一阶自相关函数（包括水平、竖直和对角），满足式（2.30）：

$$R_{00} = E(x(i,j)x(i,j)) = a_1R_{00} + a_2R_{01} + a_3R_{11} + \delta_w^2$$
$$R_{01} = E(x(i,j)x(i,j+h)) = a_1R_{11} + a_2R_{00} + a_3R_{10}$$
$$\quad (2.30)$$
$$R_{10} = E(x(i,j)x(i+h,j)) = a_1R_{00} + a_2R_{11} + a_3R_{01}$$
$$R_{11} = E(x(i,j)x(i+h,j+h)) = a_1R_{01} + a_2R_{10} + a_3R_{00}$$

式中，R_{00}、R_{01}、R_{10} 和 R_{11} 可通过相关函数求解。在此基础上，利用式（2.30）解算 a_1, a_2, a_3，通过式（2.29）迭代，逐步构建起二维大气紊流场。

同理，三维大气紊流场是以二维大气紊流场为边界值，利用紊流场空间相关性构建三维紊流场。空间中某点与相邻点满足式（2.31）。其中，$a_1, a_2, a_3, \cdots, a_7$ 为相关系数，σ_w 为紊流强度，$r(i,j,k)$ 是标准三维 Gauss 白噪声信号：

$$x(i,j,k) = a_1x(i-h,j-h,k-h) + a_2x(i-h,j-h,k) + a_3x(i-h,j,k-h)$$
$$+ a_4x(i,j-h,k-h) + a_5x(i-h,j,k-h) + a_6x(i-h,j-h,k)$$
$$+ a_7x(i-h,j,k) + \sigma_w r(i,j,k) \qquad (2.31)$$

以三个平面风场为边界值，利用紊流场的自相关函数（包括水平、竖直和对角），满足式（2.31）。

$$R_{000} = E(x(i,j,k)x(i,j,k)) = a_1R_{111} + a_2R_{110} + a_3R_{011} + a_4R_{101} + a_5R_{001} + a_6R_{010} + a_7R_{100} + \delta_w^2$$
$$R_{001} = E(x(i,j,k)x(i,j,k+h)) = a_1R_{110} + a_2R_{111} + a_3R_{010} + a_4R_{100} + a_5R_{000} + a_6R_{011} + a_7R_{101}$$
$$R_{010} = E(x(i,j,k)x(i,j+h,k)) = a_1R_{101} + a_2R_{100} + a_3R_{010} + a_4R_{111} + a_5R_{011} + a_6R_{000} + a_7R_{110}$$
$$R_{011} = E(x(i,j,k)x(i,j+h,k+h)) = a_1R_{100} + a_2R_{101} + a_3R_{000} + a_4R_{110} + a_5R_{010} + a_6R_{001} + a_7R_{111}$$
$$R_{100} = E(x(i,j,k)x(i+h,j,k)) = a_1R_{011} + a_2R_{010} + a_3R_{111} + a_4R_{001} + a_5R_{101} + a_6R_{110} + a_7R_{000}$$
$$R_{101} = E(x(i,j,k)x(i+h,j,k+h)) = a_1R_{010} + a_2R_{011} + a_3R_{110} + a_4R_{000} + a_5R_{100} + a_6R_{111} + a_7R_{001}$$
$$R_{110} = E(x(i,j,k)x(i+h,j+h,k)) = a_1R_{001} + a_2R_{000} + a_3R_{101} + a_4R_{011} + a_5R_{111} + a_6R_{100} + a_7R_{010}$$
$$R_{111} = E(x(i,j,k)x(i+h,j+h,k+h)) = a_1R_{000} + a_2R_{001} + a_3R_{100} + a_4R_{010} + a_5R_{110} + a_6R_{101} + a_7R_{011}$$
$$\qquad (2.32)$$

式中，$R_{000}, R_{001}, R_{010}, \cdots, R_{111}$ 可通过相关函数求解。在此基础上，利用式（2.32）计算 $a_1, a_2, a_3, \cdots, a_7$。基于式（2.31），通过迭代法建立空间三维大气紊流场，过程如图 2.16 所示。

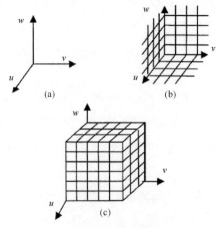

图 2.16　三维大气紊流场生成过程

利用大气紊流场中风速的相关特性，构建了一个$100 \times 100 \times 100$的三维大气紊流场，紊流场间隔 5m（设无人机速度为 50m/s，仿真时间间隔为 0.1s）。随机选取三维大气紊流场（以第一、第三、第五、第八剖面为例）的剖面风速如图 2.17 所示，可见各剖面的风场均呈现出较强的随机性。

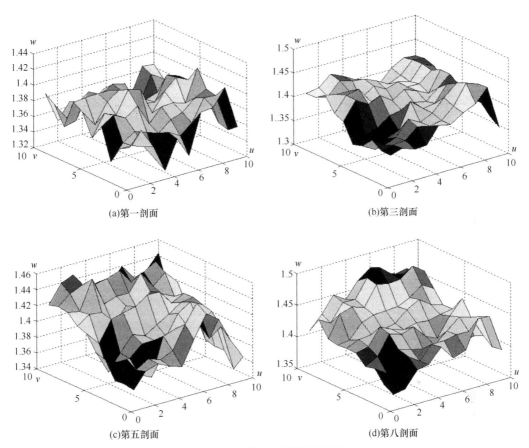

(a)第一剖面   (b)第三剖面

(c)第五剖面   (d)第八剖面

图 2.17　三维大气紊流场剖面图

高质量三维大气紊流场在三个方向上的自相关性，以及在不同方向上的互相关性，应满足函数关系式（2.33）和式（2.34）（高振兴，2009）。因此，可以利用三维大气紊流场的互相关特性来检验三维大气紊流场的质量。

$$R_{11}(\xi_1,0,0) = R_{22}(0,\xi_2,0) = R_{33}(0,0,\xi_3) = \sigma^2 f(\xi) \qquad （2.33）$$

$$R_{11}(0,\xi_2,0) = R_{11}(0,0,\xi_3) = R_{22}(\xi_1,0,0) = R_{22}(0,0,\xi_3)$$
$$= R_{33}(0,\xi_2,0) = R_{33}(\xi_1,0,0) = \sigma^2 g(\xi) \qquad （2.34）$$

当$i \neq j$时，互相关函数存在以下关系：

$$R_{ij}(\xi) = \sigma^2 \left[(f(\xi) - g(\xi)) \frac{\xi_i \xi_j}{\xi^2} \right] \qquad （2.35）$$

当$i, j = 1, 2, 3$时，分别表示大气紊流场的三个不同方向，当且仅当$i = j$时，式（2.26）取最大值。

将构建的三维大气紊流场进行互相关检验，结果如图 2.18 所示，可见三维紊流场呈现弱相关性。这从另一方面验证了大气紊流场中各点之间呈现出较强的随机性。

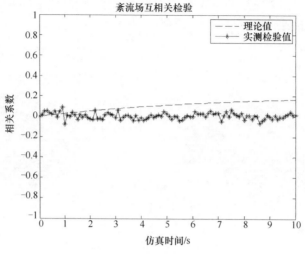

图 2.18　三维紊流场互相关检验

2.1.3　复合风场

大气风场中各点风速既有大小又有方向，是矢量值，可利用矢量的叠加原理构建复合大气风场。据此，将 2.1.1 节和 2.1.2 节构建的突风场和大气紊流场进行叠加，叠加后风场的剖面如图 2.19 所示（以第一、第三、第五、第八剖面为例）。

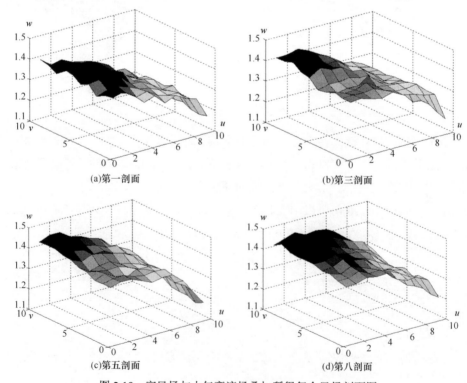

(a)第一剖面　　　　　　　　　　　　　　　(b)第三剖面

(c)第五剖面　　　　　　　　　　　　　　　(d)第八剖面

图 2.19　突风场与大气紊流场叠加所得复合风场剖面图

2.2　无人机六自由度模型及修正方法

由于大气风场中不同点的风力强度不一，飞机沿翼展方向受力的大小不同，并且作用力到质心距离也不尽相同（力矩不同），进而产生不同的力矩效应，这些均会引起无人机平台姿态发生变化。因此，大气风场作用下的无人机姿态研究对无人机建模提出了更高的要求。在建模过程中，不能粗略地将无人机视为质点，必须充分考虑大气风场的梯度效应和无人机的多点受力情况，构建出能够准确反映无人机姿态受风场及其梯度效应影响的模型。

对于无人机建模，与有人机类似，因此可以参考有人机的建模方法。已有学者针对多点受力模型进行了研究。Ringnes 等（1986）充分考虑了大气风场梯度的影响，建立了飞机六自由度全量方程模型，六自由度包括三个速度分量和三个角速度分量。Etkin提出了"四点法"（Robinson and Reid，1990）构建飞机模型，该建模方法将飞机简化为二维平面，充分考虑了机身四个典型特征点受风场影响不同，按照风速线性分布的假设来计算风速梯度，其中四个点的选取原则是：O 点位于质心处，A 点和 B 点与 O 点共线，分别位于左右机翼 0.85 倍翼展处，C 点位于与 O 点共线的水平安定面 0.25 倍弦长处。各点选取的位置如图 2.20 所示。其中，b' 为 A 点和 B 点之间的距离，l_t 为 O 点和 C 点之间的距离。

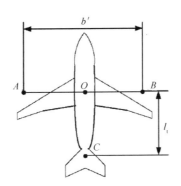

图 2.20　"四点法"建模取点位置

为了更准确地反映无人机姿态受大气风场梯度效应的影响，本书引入"四点法"构建无人机模型。对无人机进行建模前，需要对无人机引入一些基本假设、定义相关坐标系等。

1. 基本假设

（1）忽略地球表面的曲率，将地球表面视为平面。

（2）忽略旋转产生的机械陀螺力矩效应。

（3）将无人机视为理想刚体，不考虑机体和机翼的弹性形变。

（4）无人机质量恒定，不考虑油耗损失对无人机质量的影响。

（5）机体沿中轴处对称，惯性积 I_{xy} 和 I_{yz} 等于零。

2. 坐标系定义

（1）地面坐标系 F_E：原点 o_E 为地面上某点，z_E 轴铅垂向下，x_E 在水平面内，y_E 按右手法则确定。

（2）机体坐标系 F_B：原点 o_B 在无人机质心处，纵轴 x_B 沿无人机纵轴，正方向指向机头；竖轴 z_B 在无人机对称平面内，垂直于纵轴，方向向下；横轴 y_B 垂直于对称平面，指向右机翼。

（3）气流坐标系 F_A：原点 o_A 在无人机质心处，纵轴 x_A 沿无人机纵轴，方向向前；竖轴 z_A 在无人机对称平面内，垂直于气流速度矢量，指向下；横轴 y_A 垂直于平面 $x_A o_A z_A$，指向右。

（4）航迹坐标系 F_K：原点 o_K 在无人机质心处，纵轴 x_K 沿航迹速度矢量 V_K；竖轴 z_K 在通过航迹速度矢量的铅直平面内，垂直于航迹速度矢量 V_K，指向下；横轴 y_K 垂直于平面 $x_K o_K z_K$，指向右。

采用"四点法"建立的无人机模型，设质心 O 点的坐标 (x_o, y_o, z_o)，θ 为俯仰角，ϕ 为滚转角，ψ 为偏航角。通过机体的几何关系，计算后可以获得 A、B、C 三点在机体坐标系下的坐标为：

A 点：$(x_o + b'\sin\psi / 2, y_o - b'\cos\psi\cos\phi / 2, z_o - b'\sin\phi / 2)$

B 点：$(x_o - b'\sin\psi / 2, y_o + b'\cos\psi\cos\phi / 2, z_o + b'\sin\phi / 2)$

C 点：$(x_o - l_t\cos\theta\cos\psi, y_o - l_t\sin\psi\cos\theta, z_o - l_t\sin\theta)$

根据动力学原理，可以建立无风状态下的无人机六自由度模型，该模型包括质心运动方程（式（2.36））、转动运动学方程（式（2.37））、导航运行学方程（式（2.38））和飞机绕质心转动动力学方程（式（2.39））（Stevens and Lewis，2003）：

$$\begin{cases} \dot{V}_x = \dfrac{F_x}{m} - g\sin\theta - q_B V_{zE} + r_B V_{yE} \\[2mm] \dot{V}_y = \dfrac{F_y}{m} + g\sin\phi\cos\theta - r_B V_{xE} + p_B V_{zE} \\[2mm] \dot{V}_z = \dfrac{F_z}{m} + g\cos\phi\cos\theta - p_B V_{yE} + q_B V_{xE} \end{cases} \tag{2.36}$$

$$\begin{cases} \dot{\phi} = p_B + \tan\theta(q_B\sin\phi + r_B\cos\phi) \\[2mm] \dot{\theta} = q_B\cos\phi - r_B\sin\phi \\[2mm] \dot{\psi} = (q_B\sin\phi + r_B\cos\phi) / \cos\theta \end{cases} \tag{2.37}$$

$$\begin{cases} \dot{x}_E = V_x \cos\theta\cos\psi + V_y(-\cos\phi\sin\psi + \sin\phi\sin\theta\cos\psi) \\ \qquad + V_z(\sin\phi\sin\psi + \cos\phi\sin\theta\cos\psi) + W_{xE} \\ \dot{y}_E = V_x \cos\theta\sin\psi + V_y(\cos\phi\cos\psi + \sin\phi\sin\theta\sin\psi) \\ \qquad + V_z(-\sin\phi\cos\psi + \cos\phi\sin\theta\sin\psi) + W_{yE} \\ \dot{z}_E = V_x \sin\theta - V_y\sin\phi\cos\theta - V_z\cos\phi\cos\theta + W_{zE} \end{cases} \tag{2.38}$$

$$\begin{cases} \Gamma\dot{p}_B = I_{xz}(I_x - I_y + I_z)p_B q_B - \left[I_z(I_z - I_y) + I_{xz}^2\right]p_B r_B \\ \qquad + I_z l + I_{xz} n \\ I_y \dot{q}_B = (I_x - I_z)p_B r_B - I_{xz}(p_B^2 - r_B^2) + m \\ \Gamma\dot{r}_B = \left[I_x(I_x - I_y) + I_{xz}^2\right]p_B q_B - I_{xz}(I_x - I_y + I_z)q_B r_B \\ \qquad + I_{xz} l + I_x n \end{cases} \tag{2.39}$$

式中，$\Gamma = I_x I_z - I_{xz}^2$；$I_x, I_y, I_z$ 为动坐标系相应轴的惯性矩；I_{xz} 为相应轴的惯性积；l, m, n 为飞机质量在机体坐标系三个方向上的分量。

没有考虑外力作用的情况下，基于"四点法"可以建立无人机六自由度模型。在研究大气风场作用下的无人机姿态变化时，还需充分考虑大气风场的梯度效应，修正该模型中与大气风场有关的参量，再进行姿态解算。分析无人机模型可知，需要修正的部分包括动力学模型、气动模型，以及与大气风场影响直接相关的分系统模型等。

1）动力学模型修正

Ektin 将大气风场对无人机的飞行影响分为四种情况，分别为平动、旋转、轴向形变和切向形变（肖业伦和金长江，1993），如图 2.21 所示。

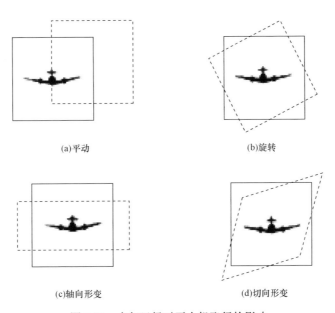

(a)平动　　　　　　　　　　　(b)旋转

(c)轴向形变　　　　　　　　　(d)切向形变

图 2.21　大气风场对无人机飞行的影响

这四种运动表达式如下：

$$\vec{W}(r) = \vec{W}_0 + \tilde{\omega}_A \vec{r} + E_1 \vec{r} + E_2 \vec{r} \tag{2.40}$$

式中，$\vec{W}_0$ 为无人机平动的风速矢量；$\vec{r}$ 为转动力矩；$\tilde{\omega}_A$ 为旋转角速度；E_1、E_2 分别为轴向形变和切向形变。

大气风场中任一点的风速矢量表示如式（2.41）所示：

$$[W_{xE}, W_{yE}, W_{zE}]^{\mathrm{T}} \tag{2.41}$$

构建大气风场模型时采用的是地面坐标系，而构建无人机模型时采用的是机体坐标系，两者使用不同的坐标系。研究大气风场对无人机姿态影响需要进行坐标系转换，以便能够在同一坐标系下运算求解风场作用下的无人机姿态。为此，将地面坐标系下构建的大气风场转换到机体坐标系下，转换方法（Batchelor，1953）如式（2.42）所示：

$$[W_{xB}, W_{yB}, W_{zB}]^{\mathrm{T}} = L_{BE}[W_{xE}, W_{yE}, W_{zE}]^{\mathrm{T}} \tag{2.42}$$

式中，L_{BE} 为地面坐标系到机体坐标系的转换矩阵。

无人机飞行过程中，由于大气风场的存在，无人机速度是无人机空速和大气风场风速的矢量合成，如式（2.43）所示：

$$\vec{V}_E = \vec{V}_B + \vec{W}_r \tag{2.43}$$

将式（2.43）代入飞机的动力学方程组式（2.36），修正后的动力学方程组如式（2.44）所示：

$$\begin{cases} \dot{V}_x = \dfrac{F_x}{m} - \dot{W}_{xB} - g\sin\theta - \left[q_B(V_{zE} + W_{zB}) - r_B(V_{yE} + W_{yB}) \right] \\[3mm] \dot{V}_y = \dfrac{F_y}{m} - \dot{W}_{yB} + g\sin\phi\cos\theta - \left[r_B(V_{xE} + W_{xB}) - p_B(V_{zE} + W_{zB}) \right] \\[3mm] \dot{V}_z = \dfrac{F_z}{m} - \dot{W}_{zB} + g\cos\phi\cos\theta - \left[p_B(V_{yE} + W_{yB}) - q_B(V_{xE} + W_{xB}) \right] \end{cases} \tag{2.44}$$

2）气动模型修正

大气风场的变化将引起作用于飞机上的力和力矩发生变化，从而影响飞机的姿态。因此在研究飞机姿态受大气风场影响时，需要修正相关的气动模型、气动项等参数。分析已建立的模型，需要修正两类气动参数。

第一类是迎角变化率 $\dot{\alpha}$、侧滑角变化率 $\dot{\beta}$ 的气动导数。迎角、侧滑角的计算方法如式（2.45）和式（2.46）所示：

$$\alpha = \arctan(\frac{V_z}{V_x}) \tag{2.45}$$

$$\beta = \arctan(\frac{V_y}{V_E}) \tag{2.46}$$

对以上两式求导后结果为

$$\dot{\alpha} = \frac{V_x \dot{V}_z - V_z \dot{V}_x}{V_x^2 + V_z^2} \tag{2.47}$$

$$\dot{\beta} = \frac{\dot{V}_y V_E - V_y \dot{V}_E}{V_E^2 + V_y^2} \tag{2.48}$$

利用式（2.47）和式（2.48）获得的修正值 $\dot{\alpha}$、$\dot{\beta}$ 来修正相应的导数项，即可获得含大气风场的动力学方程。

第二类是与机体旋转角速度相关的气动导数项。对于中大型无人机，应当充分考虑机身、翼展方向的风速变化和梯度效应。在将无人机简化为二维平面并假设风速梯度线性变化条件下，无人机机体在变化的大气风场中受到四种风速梯度的影响（肖业伦和金长江，1993），如图 2.22 所示。

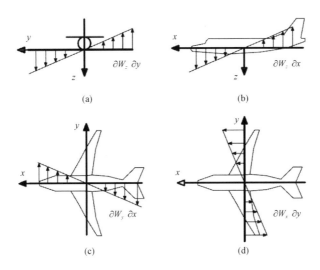

图 2.22　风场梯度对无人机飞行的影响

图 2.22 中：（a）为 W_z 沿翼展方向的梯度分布，影响无人机的滚转运动；（b）为 W_z 沿机体方向的梯度分布，影响无人机的俯仰运动；（c）为 W_y 沿机体方向的梯度分布，影响无人机的偏航运动；（d）为 W_x 沿翼展方向的梯度分布，影响无人机的偏航运动。因此，无人机受大气影响的旋转角速度（俯仰角速度 p_{rel}、滚转角速度 q_{rel}、偏航角速度 r_{rel}）可以表示为

$$p_{\text{rel}} = p_B - \frac{\partial W_z}{\partial y} \tag{2.49}$$

$$q_{\text{rel}} = q_B - \frac{\partial W_z}{\partial x} \tag{2.50}$$

$$r_{\text{rel}} = r_B - \frac{\partial W_y}{\partial x} - \frac{\partial W_x}{\partial y} \tag{2.51}$$

式中，p_B、q_B、r_B 为无人机在不受大气风场作用下的俯仰角速度、滚转角速度和偏航角速度。

将式（2.49）～式（2.51）的计算结果代入相关气动导数项，可以计算出风场作用下的气动导数项。

2.3　无人机飞行控制

飞行控制的目标是在飞行中保持无人机的姿态和航迹稳定，包括俯仰、滚转、偏航三个轴向的姿态稳定，并可以根据控制指令或无人机自主决策，来改变无人机的姿态和航迹，以提高无人机执行任务的能力和效果。飞行控制是在保证飞行安全的前提下，充分发挥无人机的性能，使无人机高效地完成飞行任务。

在众多无人机飞行控制算法中，PID（proportion integral derivative）控制算法由于鲁棒性高、易于实现且有完备的理论体系，在无人机飞行控制算法中占主导地位。除PID 控制算法外，国内外学者还对其他飞行控制算法进行了研究。

1）滑模变结构控制

为了解决作动器故障和气动面损坏等不确定性问题，李红增（2008）针对某型号无人机提出了一种连续滑模变结构控制的容错控制策略，利用滑动模态自身的鲁棒性实现系统的故障容错，避免了作动器饱和，该系统有较强的鲁棒性和较高的跟踪精度。在研究无人机倾斜转弯飞行控制系统时，杨俊鹏和祝小平（2009）运用滑模变结构控制方法和最优调节规律设计了无人机的倾斜转弯技术（bank to turn，BTT）控制系统，该系统在扰动条件下能达到满意的控制品质，鲁棒性和控制精度也满足无人机高机动转弯飞行时的控制要求。Yeh 等（2011）提出了一种自适应模糊滑模控制器，主要研究了滑动模式控制器和模糊推理机制及自适应算法，将研究结果应用于中小型无人机，应用结果验证了自适应模糊滑模控制器的有效性。

2）自适应控制

自适应控制可以有效解决在系统设计阶段参数不确定和干扰等问题。它最早由麻省理工学院提出，此后出现过许多不同形式的自适应控制系统（Sastry and Bodson，2011）。王洋等（2010）针对低空、低速、大扰动条件下飞行的一种大展弦比、V 形尾翼常规布局小型无人机，设计了一种自适应 PID 控制器，应用于定姿、定高和定航迹跟踪飞行控制实验中，有效抑制了大扰动对飞机姿态和位置的影响，获得了良好的动态性能指标。针对具有模型不确定性、舵面故障，以及非线性干扰的飞机俯仰姿态控制问题，吴文海等（2012）基于 $L1$ 自适应方法设计了一种增广控制器，该控制器的闭环系统性能能够接近任意参考系统，对有界不确定性和干扰具有鲁棒性，同时满足输入约束要求。

3）反步法控制

20 世纪 90 年代中后期，Steinberg 和 Page（1998）对飞行器模型进行了大量简化，将基本的反步（back-stepping）方法引入飞行控制系统的设计中，巧妙地构造了李雅普诺夫函数，取得了良好的控制效果。孙秀云等（2012）针对小型无人直升机的姿态与高度控制问题，提出了一种基于反步法的自适应控制策略，首先是对控制模型进行等效变换，其次用反步法设计出姿态与高度自适应控制器，取得了良好的控制效果。刘重等（2014）利用反步法设计了无人机三维航路跟踪的非线性制导律，进而实现快速高精度跟踪。

4）动态逆控制

动态逆控制算法对于无人机等航空航天器具有很好的跟踪性能，因此动态逆控制技术在飞行控制系统设计领域得到了广泛应用。佛罗里达州立大学 Waszak 和 Davidson（2002）在非线性动态逆控制方法研究上开展了大量工作，取得了较好的效果。陈谋等（2008）针对新一代歼击机提出的设计方案中，基于干扰观测器的输出，设计了动态逆飞行控制系统，该系统很好地克服了动态逆误差对飞行控制带来的不利影响。郑积仕等（2013）提出的一种基于增量非线性动态逆的速度控制方法，有效解决了小型无人机速度控制精度差的问题。蔡红明等（2011）引入在线神经网络补偿动态逆误差，并采用控制补偿器来消除作动器和自适应单元之间的相互影响，具有较强的鲁棒性和指令跟踪能力，提高了无人机飞行控制的效率。

5）神经网络控制

目前，神经网络控制算法已经应用在飞行控制系统的设计中，代表性应用有 Mahboubi（2014）提出的一种基于不确定边界自适应神经网络控制的无人机飞行气流扰动和飞行轨迹跟踪控制算法，结合小扰动原理和 Lyapunoy 稳定性原理进行扰动抑制，提高了飞行轨迹的振荡拟合性和飞行控制的稳健性。张敏和胡寿松（2008）提出了将动态结构自适应神经网络与 H∞鲁棒跟踪器相结合的控制方法，利用神经网络获得了比较好的逼近效果，提高了系统的动态性能，有效抑制了外部扰动、固有非线性和不确定因素，在保证闭环稳定的前提下，取得了满意的控制效果。

大气风场作用下无人机飞行状态（飞行轨迹和飞行姿态）改变，导致其偏离预定轨迹。无人机的飞行控制系统可以根据陀螺监测偏差量，对飞机飞行状态进行控制。描述无人机飞行状态的参数包括：俯仰角 θ、滚转角 ϕ、偏航角 ψ、俯仰角速度 q、滚转角速度 p、偏航角速度 r、迎角 α、侧滑角 β 和三个方向上的线性位移。如何控制和调整这些参数，实现对无人机飞行状态的控制，涉及多个方面的研究内容，本书不进行深入讨论，而是重点关注无人机姿态控制，其他相关内容请参考相关文献（方振平等，2005）。

无人机姿态控制系统与其他控制系统一样，都是由被控制对象和自动控制器组成的，其中自动控制器的控制算法是系统的核心，选取适当的控制算法和控制参数，可以有效提高无人机的飞行控制品质。目前，PID 控制算法理论成熟、鲁棒性好且易于实现，在无人机飞行控制系统中得到广泛的应用。典型的无人机飞行控制系统由增稳控制回路、姿态控制回路、定高控制回路、航迹控制回路等组成。其中，姿态控制流程如图 2.23 所示。

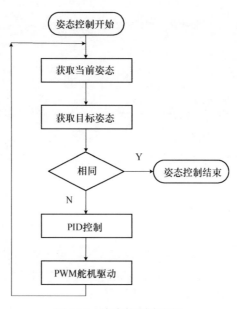

图 2.23　姿态控制流程图

俯仰角的控制采用比例控制，将给定的俯仰角偏差送达舵面。引入俯仰角速度 q，能增大飞机纵向短周期运动的阻尼，增加了飞机的稳定性。控制策略如式（2.52）所示：

$$V\delta_\theta = K_q q + K_\theta(\theta - \theta_C) \tag{2.52}$$

式中，θ_C 为测量的俯仰角；K_q、K_θ 为增益系数。

滚转角的控制是利用副翼舵进行滚转来实现的，同样引入了滚转角速度 p 来增大飞机横向短期运动的阻尼，进而增加了飞机的稳定性。控制策略如式（2.53）所示：

$$V\delta_\phi = K_p p + K_\phi(\phi - \phi_C) \tag{2.53}$$

式中，ϕ_C 为测量的滚转角；K_p、K_ϕ 为增益系数。

偏航角控制一般通过飞机转动的方式来实现，无人机的侧向偏离是通过副翼控制滚转进行控制。具体控制策略如式（2.54）所示：

$$\Delta\delta_\psi = K_p p + K_\phi\phi + K_\psi(\psi - \psi_C) + K_y(y - y_C) \tag{2.54}$$

式中，ψ_C 为测量的偏航角；y_C 为竖直方向位移；K_p、K_ϕ、K_ψ、K_y 为增益系数。

2.4 无人机姿态解算与分析

已构建的无人机模型是高阶微分方程组。可以通过选取合适的状态空间变量，将高阶微分方程组转化为一阶微分方程组，即将无人机模型的求解转化为一阶常微分方程组进行解算。常微分方程组的解法主要包括欧拉法、梯形法、Runge-kutta 法和 Adams 法等。

1. 欧拉法

欧拉法是最早的常微分方程算法，它是在初值已知的情况下，利用迭代方式依次求取数值解的方法。欧拉法的基本思想是：对于初始时刻 t_0，选择步长 $h > 0$，对于 $t \in [t_0, t_0 + h]$，通过做近似 $f(t, y) \approx f(t_0, y_0)$ 去逼近 $y(t)$，逼近方法如下式所示：

$$y(t) = y(t_0) + \int_{t_0}^{t} f(x, y(x)) \mathrm{d}x \approx y_0 + (t - t_0) f(t_0, y_0) \tag{2.55}$$

对于 $t_1 = t_0 + h$，将上式简化为

$$y_1 = y_0 + h f(t_0, y_0) \tag{2.56}$$

依次类推，可以得到 t_2、t_3，以及其他时刻的逼近结果。因此，可以得到以下递推公式：

$$y_{n+1} = y_n + h f(t_n, y_n) \tag{2.57}$$

欧拉算法的几何意义是通过已知点的折线来近似代替积分曲线，因此又称为折线法。欧拉法产生误差的主要来源有两个：一是利用差商代替导数，这种近似代替的误差称为截断误差；二是因数值计算过程中的四舍五入而产生的舍入误差。欧拉法的优点是当初始误差充分小的情况下，后期迭代不会出现发散状态，即欧拉法是一个稳定的求解算法，但是它的缺点是一步迭代（一阶状态），精度较差。

2. 梯形法

梯形法是在欧拉法的基础上进行了改进。欧拉法用一个常数点 t_n 的导数值来近似区间 $[t_n, t_{n+1}]$ 上的导数，而梯形法则取区间的两个端点值的平均来作为导数的近似值，从而减少了计算过程中的误差。梯形法的计算公式为

$$y_{n+1} = y_n + \frac{1}{2} h(f(t_n, y_n) + f(t_{n+1}, y_{n+1})) \tag{2.58}$$

梯形法是欧拉法和后向欧拉法的算术平均，与欧拉法相比，精度有所提高，但是计算量增加了近一倍。

3. Runge-kutta 法

Runge-kutta 法是一种特殊的单步方法，因其计算精度高而受到众多学者的青睐。Runge-kutta 法的基本思想是通过对部分积分曲线的若干个点的切线斜率再进行一次或多次算术平均或加权平均，以直线代替曲线来进行求解。Runge-kutta 法相比于前面提到

的几种方法具有较高的精度。

根据常微分方程理论，有以下等价关系：

$$y(t) = y_0 + \int_{t_0}^{t} f(x, y(x)) \mathrm{d}x \tag{2.59}$$

根据积分中值定理可得

$$y(t_n + h) = y(t_n) + hf(t_n + h\theta, y(t_n + h\theta)) \qquad 0 < \theta < 1 \tag{2.60}$$

由于 $f(t_n + h\theta, y(t_n + h\theta))$ 的值是不能直接计算的，因此可以采用 f 在 $[t_n, t_n + h]$ 上的一些点处的值的线性组合来近似它，即利用式（2.61）来代替式（2.60）。

$$\begin{cases} y_{n+1} = y(t_n) + h\sum_{i=1}^{s} w_i k_i \\ k_1 = f(t_n, y(t_n)) \\ k_i = f(t_n + h\alpha_i, y(t_n) + h\sum_{j=1}^{i-1} \beta_{ij} k_j) \quad i = 2, \cdots, s \end{cases} \tag{2.61}$$

式中，w_i、α_i、β_{ij} 都是待定的系数，当 i 取不同值时，可以得到相应阶的 Runge-kutta 计算方法。

1）二阶 Runge-kutta 法

当 $i = 2$ 时，可以得到二阶 Runge-kutta 计算方法，如式（2.62）和式（2.63）所示：

$$\begin{cases} y_{n+1} = y_n + \frac{1}{4}h(k_1 + 3k_2) \\ k_1 = f(t_n, y_n) \\ k_2 = f(t_n + \frac{2}{3}h, y_n + \frac{2}{3}hk_1) \end{cases} \tag{2.62}$$

$$\begin{cases} y_{n+1} = y_n + \frac{1}{2}h(k_1 + k_2) \\ k_1 = f(t_n, y_n) \\ k_2 = f(t_n + h, y_n + hk_1) \end{cases} \tag{2.63}$$

2）三阶 Runge-kutta 法

当 $i = 3$ 时，可以构建三阶 Runge-kutta 算法模型，具体计算方法如式（2.64）和式（2.65）所示：

$$\begin{cases} y_{n+1} = y_n + \frac{1}{9}h(2k_1 + 3k_2 + 4k_3) \\ k_1 = f(t_n, y_n) \\ k_2 = f(t_n + \frac{1}{2}h, y_n + \frac{1}{2}hk_1) \\ k_3 = f(t_n + \frac{3}{4}h, y_n + \frac{3}{4}hk_2) \end{cases} \tag{2.64}$$

$$\begin{cases} y_{n+1} = y_n + \dfrac{1}{6}h(k_1 + 4k_2 + k_3) \\ k_1 = f(t_n, y_n) \\ k_2 = f(t_n + \dfrac{1}{2}h, y_n + \dfrac{1}{2}hk_1) \\ k_3 = f(t_n + \dfrac{3}{4}h, y_n - hk_1 + 2hk_2) \end{cases} \tag{2.65}$$

上述两个常用方法在通常情况下能够达到精度要求，如果需要更高的解算精度，则需要采用四阶 Runge-kutta 法。

3）四阶 Runge-kutta 法

四阶 Runge-kutta 法具有多种形式，但目前最常用形式如式（2.66）所示：

$$\begin{cases} y_{n+1} = y_n + \dfrac{1}{6}h(k_1 + 2k_2 + 2k_3 + k_4) \\ k_1 = f(t_n, y_n) \\ k_2 = f(t_n + \dfrac{1}{2}h, y_n + \dfrac{1}{2}hk_1) \\ k_3 = f(t_n + \dfrac{1}{2}h, y_n + \dfrac{1}{2}hk_2) \\ k_4 = f(t_n + h, y_n + hk_3) \end{cases} \tag{2.66}$$

Runge-kutta 法作为单步迭代算法，具有非常好的实用性，它要求初值是稳定的，计算过程中步长具有较大的灵活性，可以独立取定，也可以随时更换。Runge-kutta 法在给定初值情况下即可利用单步法进行计算，这是它的优点，同时也是它的缺点。由于它仅利用前一步的值，如果要求提高计算精度，必须增加一些非节点处的函数 $f(x, y)$ 值。即若要提高 Runge-kutta 法的计算精度，必须以计算量作为代价。

4. Adams 法

阿达姆斯（Adams）法是最具代表性的方法，在不增加计算量的情况下，可以提高常微分方程的解算精度。常用的有四阶 Adams 外插法（显式方法）和内插法（隐式方法）。

1）Adams 外插法（显式方法）

$$\begin{cases} y_{n+1} = y_n + h\big(\beta_{q0}f(x_n, y_n) + \beta_{q1}f(x_{n-1}, y_{n-1}) + \cdots + \beta_{qq}f(x_{n-q}, y_{n-q})\big) \\ \beta_{qi} = \displaystyle\int_0^1 \prod_{\substack{l=0 \\ l \neq i}}^{q} \dfrac{s+l}{-i+l} \mathrm{d}s \quad (i = 0, 1, \cdots, q) \end{cases} \tag{2.67}$$

在 Adams 显式方法中，最常用的是 $q = 3$ 的情况，此时式（2.67）可变化为

$$y_{n+1} = y_n + \frac{h}{24}(55f(x_n, y_n) - 59f(x_{n-1}, y_{n-1}) + 37f(x_{n-2}, y_{n-2}) - 9f(x_{n-3}, y_{n-3})) \quad (2.68)$$

式中，$n = 3, 4, 5 \cdots$。式（2.68）称为线性四阶 Adams 显式公式，也称 Adams 外插公式。因为它要用到前面四个节点上的函数值，是一种最常用的多步算法，其精度误差为四阶无穷小。

2）Adams 内插法（隐式方法）

$$\begin{cases} y_{n+1} = y_n + h\left(\beta_{q0}f(x_{n+1}, y_{n+1}) + \beta_{q1}f(x_n, y_n) + \cdots + \beta_{qq}f(x_{n-q+1}, y_{n-q+1})\right) \\ \beta_{qi} = \int_{-1}^{0} \prod_{\substack{l=0 \\ l \neq i}}^{q} \frac{s+l}{-i+l} \mathrm{d}s \quad (i = 0, 1, \cdots, q) \end{cases} \quad (2.69)$$

在 Adams 隐式方法中，最常用的也是 $q = 3$ 的情况，如下式所示：

$$y_{n+1} = y_n + \frac{h}{24}(9f(x_{n+1}, y_{n+1}) + 19f(x_n, y_n) - 5f(x_{n-1}, y_{n-1}) + f(x_{n-2}, y_{n-2})) \quad (2.70)$$

式中，$n = 2, 3, \cdots$。式（2.70）称为线性四阶 Adams 隐式公式，也称 Adams 内插公式。在计算过程中用到前面三个节点上的函数值，也是一种常用的多步求解算法，计算精度误差为四阶无穷小。

对比 Adams 显式方法与隐式方法可知：①同一阶数下，隐式的局部截断误差的系数的绝对值比显式的小；②显式的计算工作量比隐式的小；③隐式的稳定范围比显式的大。倪兴（2010）通过具体实例验证了隐式 Adams 方法的计算精度优于显式 Adams 方法。

通过对常微分方程组求解方法的分析可知，若仅有一个初始条件，只能采用单步法（即欧拉法、梯形法、Runge-kutta 法）进行解算，其中计算精度最高的是 Runge-kutta 法；若已知多个初始条件，可选用多步法，提高运算的精度，其中最具有代表性的求解方法是 Adams 方法，计算精度是四阶，并且隐式方法的精度高于显式方法。

大气风场作用下的无人机模型，经修正、配平，是一个高阶微分方程组，通过选取合适的状态空间变量，可以将其转换为一阶方程组，如式（2.71）所示：

$$\mathrm{d}x/\mathrm{d}t = f(t, x, w) \quad (2.71)$$

式中，x 为状态矢量；w 为三维大气风场中的风速矢量，包含风场的速度和梯度信息。

通常情况下，在进行无人机姿态解算时仅有初始时刻的姿态信息，根据微分方程算法求解的要求，前述分析微分方程的求解算法只能采用单步法进行求解。在欧拉法、梯形法和 Runge-kutta 法中，Runge-kutta 法的精度最高。为了提高计算精度，选用标准四阶 Runge-kutta 法，迭代后总误差数量级为 $O(h^4)$。因本书中计算需要，对 Runge-kutta 法进行了调整，调整后的结果如式（2.72）所示，在已知 $x_k = x(t_k)$ 时，可以通过迭代计算出 $x_{k+1} = x(t_k + h)$ 的值。

$$\begin{cases} x_{k+1} = x_k + \Delta x_k \\ \Delta x_k = \dfrac{1}{6}h(f_1 + 2f_2 + 2f_3 + f_4) \\ f_1 = f(t_k, x_k, w_k) \\ f_2 = f(t_k + h/2, x_k + f_1 h/2, w_{k+1/2}) \\ f_3 = f(t_k + h/2, x_k + f_2 h/2, w_{k+1/2}) \\ f_4 = f(t_k + h, x_k + f_3 h, w_{k+1}) \end{cases} \qquad (2.72)$$

在上述算法中，涉及半个步长上的风场值 $w_{k+1/2}$，即 $w(t_k + h/2)$。解决此问题有两种方法：一是大气风场的步长设为无人机六自由度模型求解步长的一半；二是取平均值法。为了保持大气风场和无人机模型的解算步长相同，因此本书采用第二种方法，即

$$w_{k+1/2} = \frac{1}{2}(w_k + w_{k+1}) \qquad (2.73)$$

在给定初始条件下，通过上述方法，可以迭代解算大气风场作用下的无人机俯仰、滚转和偏航等姿态信息。

为了验证算法的有效性，设置仿真参数（飞行高度 H=5000m，速度 V=50m/s，取仿真总时间为 100s，仿真时间间隔为 0.1s），则仿真得到大气风场作用下无人机的俯仰角、滚转角和偏航角分别如图 2.24～图 2.26 所示。

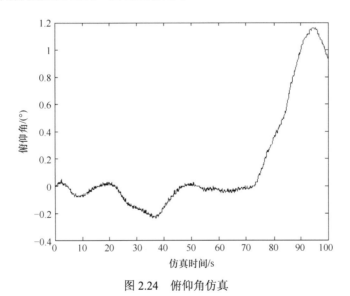

图 2.24　俯仰角仿真

解算的无人机姿态信息，反映了无人机在大气风场作用下的飞行状态。利用统计学原理，分别从时域和频域两个角度分析无人机的俯仰、滚转和偏航的姿态分布状态，进而获知无人机姿态分布的内在规律。这些研究成果可为无人机固定振动频率设计、遥感载荷和光电稳定平台研制提供科学的数据支撑。

1. 时域分析

时域分析可以获取无人机飞行姿态的最大幅值、幅度变化范围和幅度最大变化率等

指标值。为了揭示无人机姿态的时域特性，对仿真获取的 1000 组无人机俯仰、滚转和偏航数据进行统计分析，获取无人机姿态最大幅值、幅度变化范围和幅度最大变化率等指标值，如表 2.1 所示。

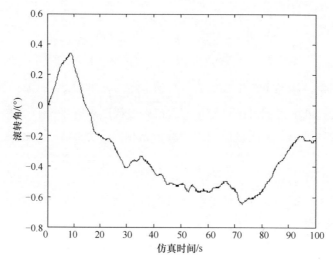

图 2.25　滚转角仿真

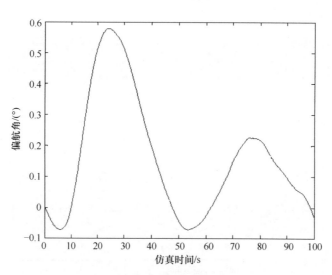

图 2.26　偏航角仿真

表 2.1　无人机姿态时域分析

	最大幅值/ (°)	幅度变化范围/ (°)	幅度最大变化率/ (°/s)
俯仰角	1.16	[-0.24，1.16]	2.5554
滚转角	0.34	[-0.65，0.34]	6.2976
偏航角	0.5796	[-0.0734，0.5796]	1.3306

俯仰角是机体坐标系 x_B 轴与水平面的夹角，当 x_B 轴的正半轴位于过坐标原点的水平面之上（抬头）时，俯仰角为正，否则为负（机体坐标系见图 4.1）。无人机在起飞过

程中，机身颠簸比较大，与水平面的夹角（即俯仰角）反复出现正负值。当无人机进入稳定飞行状态，机头与水平面始终呈一个略微向上的角度（即俯仰角为正值），此时的俯仰角变化呈现了速率逐渐变小的特点，这些规律在图 2.24 中得到了验证。

滚转角是机体坐标系 z_B 轴与通过机体 x_B 轴的铅锤面之间的夹角，机体向右滚为正，反之为负。无人机飞行过程中，由于大气风场及其梯度效应，机翼受力不均，引起机身绕机体 x_B 轴旋转，并形成一定的夹角，无人机的翼展越长，梯度效应越明显，引起滚转角出现变化频率快、幅值低的特点。从表 2.1 中可见，无人机滚转角的幅度变化速率是三种姿态角中变化最大的。

偏航角是机体坐标系 x_B 轴在水平面上投影与地面坐标系 x_E 轴（在水平面上，指向目标为正）之间的夹角，由 x_E 轴逆时针旋转至机体坐标系 x_B 的投影线，偏航角为正，即机头右偏航为正，反之为负。它体现了无人机在飞行过程中机头偏离原飞行方向的程度，偏航角主要是因侧风对机体前后侧向受力梯度效应引起的，通常情况下，大气风场中的侧风通常较小，同时机体比机翼重量大，梯度效应较小。因此，大气风场的侧向力导致无人机偏航角变化不大，且变化速率较小。这些规律在表 2.1 也得到了充分验证。

直方图能够直观反映姿态的分布规律，将无人机的俯仰角、滚转角和偏航角以直方图的形式展示，结果如图 2.27～图 2.29 所示。可以看出俯仰角集中分布在零值附近，且正向波动幅值较大；滚转角变化范围大，负值比例非常大，幅值非常集中，多数集中在 -0.5 左右；偏航角变化范围不大，正值占的比例较大，且姿态数据多集中在零值附近。

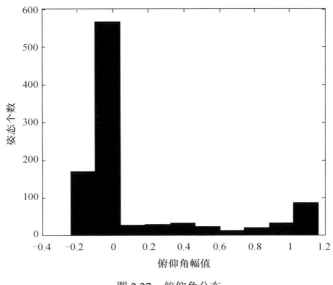

图 2.27　俯仰角分布

2. 频域分析

从频域角度分析无人机姿态，能够获取其频率分布规律。由 Von Karman 模型转换的成形滤波器频谱特性可见，它具有较好的低通滤波和带通滤波特性。因此，无人机受大气风场的影响，其姿态角（俯仰角、滚转角和偏航角）分布应呈现出较为明显的"低频率较多、高频率较少"的特征，本质上是一种适合于飞机运动的低通滤波器。

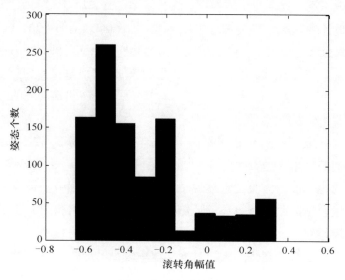

图 2.28　滚转角分布

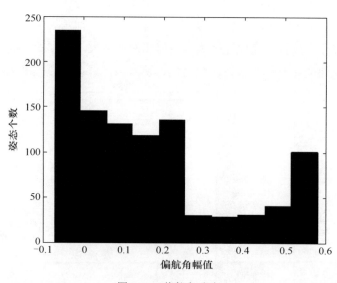

图 2.29　偏航角分布

为了研究大气风场作用下无人机姿态频率特性，将解算的无人机姿态进行频域分析（Yang et al.，2010）。通过对姿态的频域分析，得到无人机的俯仰角、滚转角、偏航角频率分布，如图 2.30～图 2.32 所示。可以看出俯仰角出现的集中区域，第一频率段在 0～10Hz，第二频率段在 10～30Hz，俯仰角高频姿态所占比例迅速减少；滚转角出现的集中区域，第一频率段在 0～30Hz，第二频率段在 30～60Hz，滚转角高频姿态数量急速减少；偏航角出现的集中区域，第一频率段在 0～10Hz，第二频率段在 12～17Hz，偏航角高频姿态信息数量迅速减少。俯仰角、滚转角和偏航角均呈现出低频多、高频极少的特征。

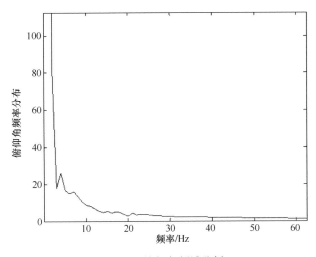

图 2.30　俯仰角频域分析

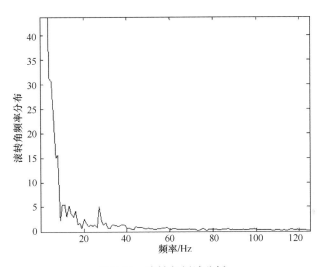

图 2.31　滚转角频域分析

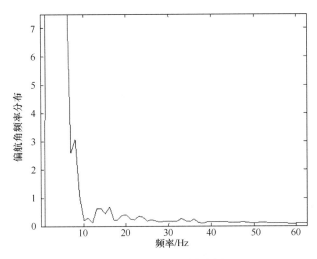

图 2.32　偏航角频域分析

对姿态进行统计分析，结果如表 2.2 所示。

表 2.2　无人机姿态频率分布　　　　　　　（单位：Hz）

	第一频率段	第二频率段	频率变化范围
俯仰角	0～10	10～30	[0, 60]
滚转角	0～30	30～60	[0, 60]
偏航角	1～10	12～17	[0, 60]

参 考 文 献

蔡红明, 昂海松, 郑祥明. 2011. 基于自适应逆的微型飞行器飞行控制系统. 南京航空航天大学学报, 43(2): 137-142.

蔡坤宝, 罗汉文. 2004. 产生高斯随机序列的新方法. 上海交通大学学报, 38(12): 2052-2056.

陈谋, 邹庆元, 姜长生, 等. 2008. 基于神经网络干扰观测器的动态逆飞行控制. 控制与决策, 23(3): 283-287.

方振平, 陈万春, 张曙光. 2005. 航空飞行器飞行动力学. 北京: 北京航空航天大学出版社.

高振兴. 2009. 复杂大气扰动下大型飞机飞行实时仿真建模研究. 南京: 南京航空航天大学博士学位论文.

李红增. 2008. 某飞翼无人机自适应滑模控制系统. 火力与指挥控制, 33(11): 116-119.

刘国林. 2002. 非线性最小二乘与测量平差. 北京: 测绘出版社.

刘重, 高晓光, 符小卫, 等. 2014. 基于反步法和非线性动态逆的无人机三维航路跟踪制导控制. 兵工学报, 35(12): 2030-2040.

倪兴. 2010. 常微分方程数值解法及其应用. 合肥: 中国科学技术大学硕士学位论文.

孙秀云, 方勇纯, 孙宁. 2012. 小型无人直升机的姿态与高度自适应反步控制. 控制理论与应用, 29(3): 381-388.

王洋, 张京娟, 刘伟, 等. 2010. 基于自适应控制器的无人机飞行控制系统研究. 弹箭与制导学报, 30(4): 15-18, 22.

吴文海, 高丽, 梅丹, 等. 2012. 具有输入约束的飞机姿态 L1 自适应控制. 南京航空航天大学学报, 44(6): 809-816.

肖业伦, 金长江. 1993. 大气扰动中的飞行原理. 北京: 国防工业出版社.

杨俊鹏, 祝小平. 2009. 无人机倾斜转弯非线性飞行控制系统设计. 兵工学报, 30(11): 1504-1509.

张敏, 胡寿松. 2008. 基于动态结构自适应神经网络的非线性鲁棒跟踪控制. 南京航空航天大学学报, 40(1): 76-79.

郑积仕, 蒋新华, 陈兴武. 2013. 增量非线性动态逆小型无人机速度控制. 系统工程与电子技术, 35(9): 1923-1027.

郑剑飞, 冯勇, 郑雪梅, 等. 2009. 不确定非线性系统的自适应反演终端滑模控制. 控制理论与应用, 26(4): 410-414.

Batchelor G K. 1953. Theory of Homogeneous Turbulence. Cambridge: Cambridge University Press.

Camp D W, Campbell W, Dow C. 1984. Visualization of Gust Gradients and Aircraft Response as Measured by the NASA B-57B Aircraft. In: AIAA 22nd Aerospace Sciences Meeting.

Crimaldi J P, Britt R T, Rodden W P. 1993. Response of B-2 aircraft to nonuniform spanwise turbulence. Journal of Aircraft, 30(5): 652-659.

Jacquemod G, Odet C, Goutte R. 1992. Image resolution enhancement using subpixel camera displacement. Signal Processing, 26(1): 139-146.

Mahboubi H. 2014. Distributed deployment algotithms for efficient coverage in a network of mobile sensors with nonidentical sensing capabilities. IEEE Transactions on Vehicular Technology, 63(8): 3998-4016.

Narendra K S, Partthasarathy K. 1990. Identification and control of dynamical system using neural networks. IEEE Transactions on Neural Networks, 1(1): 4-27.

Ringnes E A, Camp D W, Frost W. 1986. Spanwise Turbulence Effects on Aircraft Response. In: AIAA Aerospace Sciences Meeting.

Robinson P A, Reid L D. 1990. Modeling of turbulence and downbursts for flight simulators. Journal of Aircraft, 27(8): 700-707.

Sastry S, Bodson M. 2011. Adaptive control: Stability, convergence and robustness. Courier Corporation.

Steinberg M L, Page A B. 1998. Nonlinear Adaptive Flight Control with a Back step-ping Design Approach. AIAA Guidance, Navigation, and Control Conference and Exhibit, Boston, MA, Aug.10-12.

Stevens B L, Lewis F L. 2003. Aircraft Control and Simulation. Canada: John Wiley and Sons.

Waszak M R, Davidson J B. 2002. Simulation and Flight Control of an Aeroelastic Fixed Wing Micro Aerial Vehicle. AIAA 2002-4875.

Yang W, Shouda J, Chang'an W. 2010. An Improved Atmospheric Turbulence Simulation Method. In: Pervasive Computing Signal Processing and Applications (PCSPA), 2010 First International Conference on. IEEE, 1236-1239.

Yeh F K, Huang C W, Huang J J. 2011. Adaptive fuzzy sliding-mode control for a mini-UAV with propellers. SICE Annual Conference.

第3章 光电稳定平台系统辨识

无人机遥感光学载荷获取的图像时常出现不同程度的退化现象，这很大程度上是由数据获取过程中的光学载荷视轴不稳定造成的。通过分析，光学载荷视轴不稳定主要包括两个方面的因素：一是无人机平台的发动机、外界气流等引起的振动；二是无人机平台姿态的改变，这是引起视轴不稳定的最主要原因。为了减少无人机平台及外界因素等对光学载荷姿态的影响，确保光学载荷姿态稳定，可以在光学载荷和无人机平台之间加装稳定平台。不过实际工况下光电稳定平台的补偿特性未知。为了获取实际工况下光电稳定平台的补偿特性，进而获取更为精细的成像时光学载荷姿态信息，本章进行实际工况下光电稳定平台补偿系统特性的辨识、分析和研究。

3.1 光电稳定平台系统控制原理

3.1.1 光电稳定平台系统组成

光电稳定平台通常由框架结构、测角系统（陀螺仪）、陀螺仪稳定回路、电控箱（接口控制电路、视频跟踪器、编码器、伺服控制器）及光电传感器等部件组成。图 3.1 是某光电稳定平台的结构与基本组成原理图，其中测角系统（陀螺仪）是光电稳定平台的

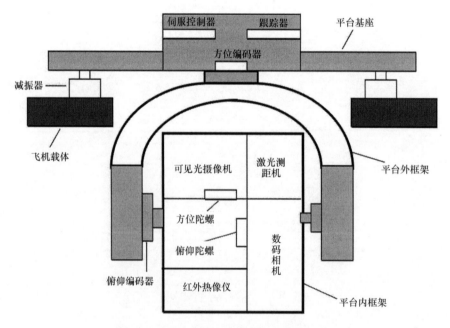

图 3.1 某光电稳定平台结构与基本组成图

核心，它可以根据所测量的无人机平台运动的角位移和线位移，由伺服控制器对平台运动进行跟踪和补偿，从而实现光学载荷视轴在惯性空间中的稳定性。根据研究目的的不同，可以对光电稳定平台有不同分类。例如，按架构可分为两轴两框架、三轴三框架、两轴四框架等。选择光电稳定平台需要根据稳定精度、搜索范围、应用对象的具体要求而定。

光学载荷安装在陀螺稳定平台上，通过光电稳定平台隔离载机的振动，从而获得相对稳定的姿态，并且在控制指令的驱动下，实现其对目标的遥感成像。就担负遥感数据获取的光学载荷而言，通常包括可见光线阵相机、面阵相机、可见光摄像机、红外热像仪和激光测距仪等（蒋定定等，2005）。

在无人机搭载光学载荷获取遥感数据的过程中，若机体运动导致载荷姿态发生变化，则获取的遥感数据将随之出现较为严重的质量退化问题。为了减少机体振动对载荷获取数据的影响，光电稳定平台在最初设计阶段就必须考虑振动环境的影响，在载荷和机体之间采取隔振设计以降低振动量级的输入。降低振动环境的输入是光电稳定平台隔振设计的首要目的。在隔振方面，光电稳定平台主要采用主动隔振和被动隔振两种方式：主动隔振是利用自动控制理论，结合现代控制算法，采用闭环伺服控制等方法，根据外界激励变化自动隔离载机振动的输入，从而实现良好的隔振效果；被动隔振则是通过使用参数固定的弹簧和阻尼器等元件来完成对被控对象的减振，主要有金属弹簧隔振器、钢丝绳隔振器、空气弹簧隔振器、液压阻尼器、气液组合减震器及橡胶隔振器等。由于产品设计空间，以及载机振动特性的不一致，各型号的光电稳定平台的隔振设计不完全具有一致性，市面上通用的减震器并不能完全符合使用要求，因此大多数情况下，必须依据载机振动的环境特性和光电稳定平台的动态特性，并结合振动基本原理来设计合适的减振器（杨少康，2013）。

3.1.2 控制原理和方法

无人机搭载的光电稳定平台通过陀螺等惯性器件来感应平台在惯性空间的姿态和角速率变化（杨业飞和申文涛，2011）。当光学遥感载荷的视轴由于外因而偏离既定方向时，偏离量就会被陀螺感应出来，经过放大后驱动电机进行反方向的运动补偿，从而保证光学遥感载荷的光轴在惯性空间内稳定地指向目标，获取高质量的遥感影像。在无人机平台作业时，无人机姿态的变化、发动机的振动、气流的变化，以及稳定平台自身的摩擦力矩、线绕力矩、质量不平衡力矩和传感器噪声等，均会对光轴的稳定指向造成影响。因此，在结构框架固定的前提下，如何消除各种外界因素影响，保持视轴的稳定指向，是光电稳定平台控制系统设计必须考虑的首要问题。

针对光电稳定平台如何克服外界因素影响的问题，科学家提出了多种控制策略，其中代表性的有"绝对不变性原理"和"内膜原理"（韩京清，2008）。"绝对不变性原理"的主要思想是要想克服外界因素的影响，就必须对这些因素进行测量，获取这些外因属性，设计相应的反馈控制系统，实现对外界因素影响的消除。"内膜原理"的主要思想是在克服外界因素前，必须了解外因，所以要先对影响系统的外因建立扰动模型，建立的模型与实际情况吻合度越高，系统消除外因影响的能力就越强。不过，光电稳定平台复杂的工作环境使系统中的外界因素几乎无法测量，准确地建立这些影响因素的模型更是难上加难；而且即便能够建立准确的扰动模型，其鲁棒性不强，同样很难适应实际工作过程中复杂多变的环境。为此，本书采用基于"绝对不变性原理"的控制策略，通过分析光电稳定平台测量的历史数据，按照统计规律研究外因的影响，构建反馈控制系统，以消除外因对光学遥感载荷视轴指向的影响。

根据不同的应用需求，光电稳定平台控制系统结构可能存在较大差异，但是其工作原理基本相同，最终的目的就是保持载荷视轴的稳定。通常情况下，光学载荷安装在陀螺稳定平台上，利用陀螺稳定平台上的陀螺仪来检测陀螺的运动变化量并传递给控制系统，从而消除外界因素的影响，保证载荷视轴指向不变。以下是某光电稳定平台的陀螺控制系统采用的双闭环伺服控制模式，控制系统的基本原理如图 3.2 所示。

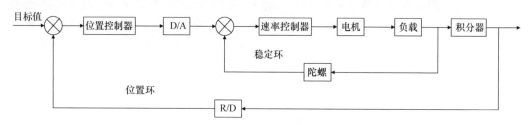

图 3.2   某光电稳定平台控制系统的基本原理

3.1.3   三轴三框架伺服控制系统

光电稳定平台的伺服系统算法设计与其框架结构有着紧密的联系，本书研究的光电稳定平台姿态补偿（俯仰、滚转和偏航）运动，综合考虑控制的解耦性，选择三轴三框架的光电稳定平台作为研究对象。三轴三框架光电稳定平台机械结构由俯仰轴系、滚转轴系和偏航轴系三部分组成，包含相应的陀螺、驱动电机和角度传感器等伺服控制系统组件。

1. 伺服控制系统

三轴三框架结构光电稳定平台的伺服控制系统由俯仰轴系控制系统、滚转轴系控制系统和偏航轴系控制系统组成。每个轴系的伺服系统均包括伺服机械结构、伺服控制器两部分。其中，伺服机械结构是用于支撑光学载荷的俯仰、滚转和偏航的框架结构、轴系结构及传动装置等；伺服控制器则包括误差检测器、校正控制器、功率放大器及电机等部件。伺服机械结构和伺服控制器是密切配合的统一体，伺服机械结构的特性直接关系到伺服控制器控制算法的选择。

2. 伺服系统建模

伺服控制系统不同部分功能各异，为了分析其伺服控制特性，应分别建立伺服系统模型。通过研究发现，可以采用试验方法构建光电稳定平台伺服控制对象模型，模型主要包括线性模型、摩擦模型和不确定模型三种类型，各部分模型建模方法如下。

（1）线性模型：线性模型是控制算法中模型设计的主要依据。建模时采用频率成分丰富、能量分布均匀的正弦信号作为建模的激励输入，采集伺服系统的宽频动态响应，通过傅里叶变换、极大似然辨识方法等建立系统近似线性模型。

（2）摩擦模型：对伺服电机施加不同幅值的驱动电压信号，记录平台的转动角速度和角加速度。同时，引入 Lurge 模型等各种摩擦模型，采用最小二乘法等数据拟合算法估计各种摩擦模型中的参数，通过比较各模型的数据拟合误差来确定所选用的摩擦模型，或者根据试验结果提出新的摩擦模型。

（3）不确定模型：将伺服系统的非线性、延时引起的建模误差、外部扰动等统一为系统的不确定性因素，则可以依据试验建立其不确定度的上界，为控制器设计提供依据。

3. 伺服系统控制方法

伺服系统的控制算法设计主要包括两部分：一是多传感器信息的融合；二是各框架的解耦控制算法设计。

1）多传感器信息的融合

由于没有能够直接测量光学载荷平台各框架惯性空间角位置的传感器，需要将惯性导航系统测量的无人机平台姿态信息和轴角编码器测量的光学载荷平台各框架轴系转动角度进行融合，以得到光学载荷平台各框架在惯性空间内的角位置。通过坐标变换实现信息的融合，进而获取角位置信息。在坐标转换过程中，涉及的坐标系主要包括机体坐标系、光学载荷平台俯仰框架坐标系、滚转框架坐标系和偏航框架坐标系。

2）各框架的解耦控制算法设计

三轴三框架光电稳定平台采用俯仰、滚转和偏航三个框架结构，本质上是一个多输入多输出的耦合系统。为了将这种多耦合系统的多变量控制系统设计问题转换为三个独立单变量控制系统设计问题，需对框架系统进行解耦。将角速率陀螺全部安装在平台负载框架（如俯仰框架）上，经过推导，可以得到平台负载框架在惯性空间内的俯仰、滚转和偏航角速度，如式（3.1）所示：

$$
\begin{cases}
\omega_{Ex} = \cos\theta_E \dot{\theta}_R - \sin\theta_E \sin\theta_R \dot{\theta}_A + \omega_{Exb} \\
\omega_{Ey} = \dot{\theta}_E + \sin\theta_R \dot{\theta}_A + \omega_{Eyb} \\
\omega_{Ez} = \sin\theta_E \dot{\theta}_R + \cos\theta_E \cos\theta_R \dot{\theta}_A + \omega_{Ezb}
\end{cases}
\tag{3.1}
$$

式中，机体坐标系 z 轴逆时针旋转得到光电稳定平台偏航框架坐标系，二者之间的夹角为 θ_A 角；设光电稳定平台滚转框架与偏航框架的滚转轴相同，两坐标系间夹角为 θ_R；设光电稳定平台俯仰框架与滚转框架的俯仰轴相同，两坐标系间夹角为 θ_E；ω_{Exb}、ω_{Eyb} 和 ω_{Ezb} 为无人机姿态运动耦合进平台负载框架的等效角速度扰动。

将式（3.1）变形可得

$$\begin{cases} \dfrac{1}{\cos\theta_E}\omega_{Ex} = \dot{\theta}_R - \tan\theta_E \sin\theta_R \dot{\theta}_A + \dfrac{1}{\cos\theta_E}\omega_{Exb}\dot{\theta}_R - \omega_{Exd} \\[3mm] \omega_{Ey} = \dot{\theta}_E + \sin\theta_R\dot{\theta}_A + \omega_{Eyb}\dot{\theta}_E + \omega_{Eyd} \\[3mm] \dfrac{1}{\cos\theta_E\cos\theta_R}\omega_{Ez} = \dot{\theta}_A + \dfrac{\tan\theta_E}{\cos\theta_R}\dot{\theta}_R + \dfrac{1}{\cos\theta_E\cos\theta_R}\omega_{Ezb}\dot{\theta}_A + \omega_{Ezd} \end{cases} \tag{3.2}$$

式中，ω_{Exd}、ω_{Eyd} 和 ω_{Ezd} 为角速率陀螺测量的负载框架受到的角速度扰动。

从式（3.2）可见，由于角速率陀螺安装在平台负载框架上，因此可以感知另外两个框架轴系的转动对它的扰动。光电稳定平台伺服系统通过速度闭环回路可以隔离这些扰动，从而达到各框架控制解耦设计的目的。

经解耦设计，稳定平台的俯仰、滚转和偏航三个轴系互不干涉，可分别设计系统控制算法。俯仰框架和滚转框架采用电流回路、速度回路和位置回路的三闭环控制结构，偏航框架采用速度回路和位置回路的双闭环控制结构。各回路控制器根据光学载荷平台的实际特性进行设计，以保证伺服系统的稳定性、快速性、准确性和鲁棒性等性能要求。以俯仰框架伺服系统为例，其伺服控制原理如图3.3所示。

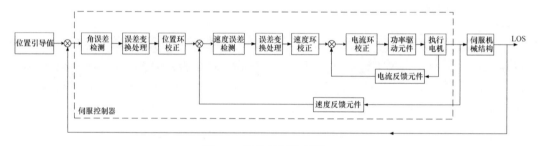

图 3.3　俯仰伺服控制原理

3.2　基于遗传小波神经网络算法的光电稳定平台系统辨识

针对三轴三框架光电稳定平台结构和补偿系统，通过解耦设计，使三个轴向间的干扰忽略不计，实现俯仰补偿系统、滚转补偿系统和偏航补偿系统三个分系统基本独立的目的。在进行光电稳定平台系统补偿特性辨识时，可将另外两个控制系统视为扰动，三个分系统可以独立进行辨识研究。

伺服控制系统是一个高度非线性的反馈控制系统。在非线性系统辨识研究方面有代表性的算法，包括自回归移动平均（autoregressive moving average，ARMR）算法、神经网络（neural network）算法、模糊逻辑（fuzzy logic）算法、遗传算法（genetic algorithm）、小波神经网络（wavelet neural network）算法等。其中，小波神经网络算法因具有良好的时频特性、多尺度分辨能力，以及较强的逼近能力和容错能力，能够解决传统神经网络算法学习收敛速度慢、易陷入局部最优和过拟合等问题，因而在系统辨识中得到了广泛应用（杨维新等，2013）。但是，小波神经网络算法存在隐层节点数不易确定的缺点，通常的解决办法是采用试凑法，但这会导致收敛速度慢且不易求出最优解。为此，有学者将遗传算法引入小波神经网络，提出了遗传算法小波神经网络（Valarmathi et al.，2009），该算法可以快速确定神经网络的结构。本书在此算法基础上，为了提高运算效率，提出了自适应遗传小波神经网络的系统辨识算法，下面将对其进行论述。

3.2.1 合适样本选择

光电稳定平台补偿系统特性辨识时，样本质量很大程度上决定了辨识效果。样本过于集中，会导致系统性能辨识不全；样本量过少，则不能辨识系统原有特性；样本量过多，则会出现过度辨识等问题，导致辨识出的系统特性出现偏差。为了准确获取光电稳定平台系统的补偿特性，需要采用合理的方法，选择动态范围较大、样本频率分布合理的训练和辨识样本。

本书依托国家 863 计划重点项目"无人机遥感载荷综合验证系统"，项目研究过程中开展了多次外场科学试验，获取了大量原始的无人机平台姿态和光电稳定平台补偿数据，为光电稳定平台补偿系统高精度辨识奠定了重要的数据基础。不过，采集的原始数据由于受实际工况影响，存在冗余、错位、记录时间不匹配等问题。因此，在利用姿态数据进行光电稳定平台补偿系统特性辨识之前，需要对数据进行去冗余、样本匹配等处理工作，主要步骤如下。

首先是去冗余处理。无人机搭载的定位定姿系统（position orientation system，POS）记录了数据获取过程中无人机平台的姿态信息，同时光电稳定平台则记录了对无人机平台姿态变化的补偿数据信息。在 POS 和光电稳定平台姿态数据信息记录过程中，大气风场、机械振动、记录延迟等外界因素的存在，导致记录的数据存在重复和信息冗余等问题。因此，在训练样本和辨识选取之前，需要对姿态信息进行去冗余处理。

其次是匹配处理。进行光电稳定平台系统补偿特性辨识，输入输出必须是同时刻的信息数据。然而，无人机平台 POS 系统记录的姿态数据采样频率（200Hz）与光电稳定平台补偿的姿态数据采样频率不一致，导致无人机姿态数据和光电稳定平台补偿数据的记录时间不能完全匹配。深入分析 POS 系统记录的无人机姿态数据信息成分，它包含了世界标准时间（coordinated universal time，UTC）、无人机飞行速度、飞行高度、偏航角、俯仰角和滚转角等信息。光电稳定平台记录的补偿数据信息包含了 UTC 时间、偏航角、俯仰角和滚转角等信息。由采集的数据信息成分可见，它们同时包含有 UTC 时间。通过对光电稳定平台系统的输入输出姿态信息数据进行匹配或插值拟合处理，可以获取同时刻光电稳定平台系统辨识的输入输出样本数据。

最后是聚类分析。无人机遥感外场科学试验过程中，采集了大量的无人机平台姿态信息数据和光电稳定平台补偿信息数据，经上述方法处理后，数据量依然庞大。如果将这些数据全都用于光电稳定平台补偿系统特性训练，将会消耗大量时间，引起过度训练的问题，并且导致系统辨识结果出现偏差。为了能准确、快速获取光电稳定平台补偿系统特性，需要对获取的样本进行聚类分析，在获取聚类样本后，依概率筛选高质量的训练样本。在选取合适的训练样本基础上，选取合适的训练算法，设定训练误差等相关参数，训练该神经网络，使其输出误差满足预期的目标，即可确定此时的样本信息总数为最佳样本量。

3.2.2 遗传小波神经网络结构与编码

采用自适应遗传算法小波神经网络（genetic algorithm wavelet neural network，GAWNN）辨识光电稳定平台补偿系统特性时，如何构建染色体编码、选取小波函数和确定神经网络结构，都将影响到系统辨识的精度和速度。因此，为了提高光电稳定平台补偿系统特性辨识的效能，应对这些方面进行认真分析和深入研究。

1. 小波分析理论

对于平方可积函数 $\psi(x)$，若其傅里叶变换 $\psi(\omega)$ 满足容许条件（崔锦泰，1995）：

$$C_\phi = \int \frac{|\psi(\omega)|^2}{|\omega|} \mathrm{d}\omega < \infty \qquad (3.3)$$

称 $\psi(x)$ 为容许小波，并定义如下的积分变换：

$$W_\phi f(a,b) = |a|^{-\frac{1}{2}} \int f(x) \overline{\psi\left(\frac{x-b}{a}\right)} \mathrm{d}x \qquad (3.4)$$

为 $f(x)$ 以 $\psi(x)$ 为基的积分小波变换。其中，$f \in L^2(R)$。记

$$\varphi_{a,b}(x) = |a|^{-\frac{1}{2}} \psi\left(\frac{x-b}{a}\right) \qquad (3.5)$$

式（3.4）可改写为

$$W_\phi f(a,b) = <f(x), \varphi_{a,b}(x)> \qquad (3.6)$$

式中，a 为尺度因子；b 为平移因子。

小波变换的基本思想类似于傅里叶变换，就是用信号在一簇基函数空间上的投影来表征该信号。它是一种崭新的时频分析方法，具有良好的时频局部化特性和对信号的自适应变焦距和多尺度分析能力，使不同尺度和不同频率的信号通过不同的频道分离出来，可以有效分离不同的信号成分。同时，小波变换是一种信息转换工具，在信息转换的过程中，不会造成信息损失，只是进行了信息的等价描述。因此小波变换具有如下性质。

（1）小波变换是一个满足能量守恒方程的线性运算，它把一个信号分解成对空间和尺度（即时间和频率）的独立贡献，同时又不失原信号所包含的信息。

（2）小波变换相当于一个具有放大、缩小和平移等功能的数学显微镜，通过检测不同放大倍数下信号的变化来研究其动态特性。

（3）小波变换不一定要求是正交的，因为小波的核函数即小波基不唯一。而且小波

函数系的时宽-带宽积很小，且在时间和频率轴上都很集中，即展开系数的能量很集中。

（4）小波变换巧妙地利用了非均匀的分辨率，较好地解决了时间和频率分辨率的矛盾，在低频段用高的频率分辨率和低的时间分辨率（宽的分析窗口），而在高频段则用低的频率分辨率和高的时间分辨率（窄的分析窗口），这与时变信号的特征一致。

（5）小波变换将信号分解为在对数坐标系中具有相同大小频带的集合，这种以非线性的对数方式而不是以线性方式处理频率的方法，对时变信号具有明显的优越性。

（6）小波变换是稳定的，是一个信号的冗余表示，由于 a、b 是连续变化的，相邻分析窗的绝大部分是相互重叠的，相关性很强（这种相关性增加了分析和解释小波变换结果的困难，因此小波变换的冗余度要尽可能减小，这是小波分析中的主要问题之一）。

（7）小波变换同傅里叶变换一样，具有统一性和相似性，其正反变换具有完美的对称性。小波变换具有卷积和正交镜像滤波的塔形快速算法。

小波变换实质上是一种不同参数空间之间通过小波基进行的积分变换。小波基是小波变换的内核，不同的小波基对小波变换的作用可能截然不同，因此小波基在小波变换中的作用举足轻重，其主要性质自然具有十分重要的地位，相关特点分列如下。

（1）紧支撑性：若函数 $f(x)$ 在区间 $[a,b]$ 外面恒为 0，则称该函数在这个区间上紧支。在有界区间外为零的连续函数 $f(x)$ 的支撑是指 $f(x)$ 在外面恒等于零的包含有这个小区间的最小闭集，具有该项性质的小波函数称为紧支小波。显然，支撑集越窄小，小波函数的局部化能力就越强，若小波不是紧支撑的，则希望它有快速衰减性（小波的衰减是指小波函数在无穷远处的衰减状况）；如果小波函数 $\psi(x)$ 在无穷远处很快衰减为 0，则它具有有限支撑，标准的记号为 $\mathrm{supp}\,\psi(x)$，而且非紧支的小波意味着无法用小波来做时频局部化分析。因此，希望不仅小波是紧支的，而且小波的支撑长度也要尽可能短，因为短支撑集能够提高计算速度，这在应用中也是非常重要的。小波能够被看作滤波函数，离散小波变换要求小波滤波器具有有限冲激响应，实际上小波如果不是紧支撑的，则要求其衰减速度一定要很快；时域紧支撑小波具有良好的时间计算性，有利于算法的实现，保证运算的实时性，频域紧支撑则保证了小波频域划分的严格性。

（2）对称性：若 $f(x) \in L^2(R)$，那么，如果 $f(x)$ 的傅里叶变换 $\hat{f}(\omega)$ 几乎处处满足式（3.7），则称 $f(x)$ 具有"线性相位"：

$$\hat{f}(\omega) = \pm \left| \hat{f}(\omega) \right| \mathrm{e}^{-\mathrm{i}a\omega} \tag{3.7}$$

式中，a 为某个常数，且 ± 号与 ω 无关。另外，如果 $f(x)$ 几乎处处满足式（3.8），则称 $f(t)$ 具有"广义线性相位"：

$$\hat{f}(\omega) = F(\omega)\mathrm{e}^{-\mathrm{i}(a\omega+b)} \tag{3.8}$$

式中，$F(\omega)$ 为一个实值函数；a,b 为实常数。一个实值函数 $f(x) \in L^2(R)$ 是（反）对称的，当且仅当它具有（广义）线性相位时，即时域上的（反）对称，反映到频域上为（广义）线性相位。小波的对称性直接影响到信号的重建。如果小波具有对称性，则在重构算法中，失真就能避免，重构信号就能给出原始信号的一个很好逼近。

（3）正则性（光滑性）：正则性度量函数光滑程度，它的数学涵义是，如果一个函数 $f(x)$ 在 $x = x_0$ 处是 m 次连续可导的，其中整数 $m \geq 0$，那么函数的正则性指数是 m。具体地说，如果小波函数 $\psi(x)$ 满足：

$$\int_{-\infty}^{+\infty} |\hat{\psi}(\omega)|(1+|\omega|)^{1+\alpha} \mathrm{d}\omega < \infty (\alpha \geq 0) \tag{3.9}$$

则称 $\psi(x)$ 有光滑度 α，记 $\psi(x) \in C^\alpha$。当 $\alpha = k$ 为整数时，则 $\psi(x) \in C^k$，其中 C^k 为 k 次连续可微函数的全体。函数的正则性指数越大，函数越光滑（光滑性决定了函数频域分辨率的高低，如果函数光滑性差，则随着变换级数的增加，原来光滑的函数很快将出现不连续性，导致重建时函数失真），函数的正则性就越强。正则性指数是指函数连续可微的次数，因而小波函数的正则性指数是小波函数逼近光滑性的量度，正则性越好则收敛越快。为了使小波函数具有较好的应用价值，在实际应用中，选择小波必须足够的光滑，小波越光滑，重构的信号和图像就越光滑。可以证明 Daubechies 小波函数正则性指数大约为 $N/5$。具有某一正则性的小波可以用来估计信号的局部特性，如用来确定信号是不是在所有点上具有相同的正则性指数。

（4）消失矩：小波函数 $\psi(x)$ 的矩定义为 $\int_{-\infty}^{\infty} x^k \psi(x) \mathrm{d}x$，若

$$\int_{-\infty}^{\infty} x^k \psi(x) \mathrm{d}x = 0 \qquad k = 0,1,\cdots,N-1 \tag{3.10}$$

并且满足式（3.11）：

$$\int_{-\infty}^{\infty} x^k \psi(x) \mathrm{d}x \neq 0 \qquad k = N \tag{3.11}$$

则称小波函数 $\psi(x)$ 具有 N 阶消失矩。直接从消失矩的定义可以推知，N 阶消失矩意味着小于 N 的多项式与小波函数 $\psi(x)$ 内积作用的结果都是 0。一般光滑函数 $f(x)$ 都能用多项式来刻画，因此小波函数的消失矩越高，小波展开式中的 0 元素就越多。小波的消失矩大小决定了用小波逼近光滑函数时的收敛率，小波消失矩特性在本质上决定了该小波逼近光滑函数的能力。此外，较高的消失矩能够研究函数的高阶变化和某些高阶倒数中可能的奇异性。

（5）正交性：如果母小波函数集 $\{\psi_{j,k}(x) : k \in Z\}$ 是 $L^2(R)$ 的一个标准正交基，即

$$\langle \psi_{j,k}, \psi_{l,m} \rangle = \delta_{j-l} \cdot \delta_{k-m}, \qquad j,k,l,m \in Z \tag{3.12}$$

则小波函数集是正交的，小波的正交性保证了信号的精确重构。简而言之，小波的正交性是指一个被俘获的信息与另一个被俘获的信息完全独立，它使得小波各尺度间没有信息冗余。

因此，小波基函数的选取应当从一般原则和具体对象两方面进行考虑。一般原则如下。

（1）正交性：源于数学分析的简单，以及工程应用中的便于理解操作。

（2）紧支集：保证优良的时频局部特性，且有利于算法的实现。

（3）对称性：关系到小波的滤波特性是否具有线性相位，这与失真问题密切相关。

（4）光滑性：关系到频率分辨率的高低。

完全满足上述条件是十分困难的。紧支撑与光滑性不可兼得，对正交小波函数来说，若$\psi(x)$有N阶消失矩，则其支撑集长度至少是$2N-1$，当增加消失矩时，就不可避免地增加了支撑集的长度。为了解决紧支撑和光滑性之间的矛盾，可以选择短支撑集的小波函数；但是正交性、紧支撑又使对称性成为不可能，因此只能寻找一种能恰当兼顾这些特性的合理折中方案。具体选择小波基时，应视应用领域不同而不同，选择不同的小波基能对处理问题起到关键性作用，而且在处理实际问题时，不存在既有很好的紧支撑、正交性和对称性，同时又兼有正则性和消失矩的小波函数。

2. 小波神经网络

1992 年，来自法国著名信息科学研究机构 IRISA 的 Qinhua Zhang 提出了小波神经网络，他用小波或尺度函数代替前向神经网络 Sigmoid 函数作为网络的激励函数，生成一个与径向基函数（radial basis function，RBF）神经网络在结构上相似的神经网络。小波神经网络独特的数学背景，使得这种网络存在多种形式和多种学习方法。各种不同形式的小波神经网络，从结构形式上看可以分成两大类：一是小波变换与常规神经网络的结合，即输入信号通过小波变换后再输入常规神经网络，其结构原理如图 3.4 所示；二是小波分解与前向神经网络的融合，即以小波基函数作为神经元的激励函数构建的神经网络。前者称为"结合"，是指彼此虽然紧密相联，却又相互独立，即为松散型小波神经网络，它是以小波空间作为模式识别的特征空间，通过小波基与信号的内积进行加权和实现信号的特征提取，然后把提取的特征向量送入常规神经网络进行处理，即在小波变换预处理的基础上，加上神经网络。原则上，这种神经网络并不属于真正意义上的小波神经网络，它仅仅是信号经过小波变换后，再输入给常规神经网络以完成分类、函数逼近等功能。

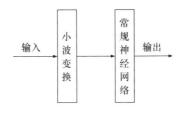

图 3.4　松散型小波神经网络示意图

与"松散型"对应的是"融合型"小波神经网络，也称为紧致型小波神经网络，它是将常规单隐层神经网络的隐节点 Sigmoid 函数用小波函数的尺度与平移参数来代替，这是目前大量研究小波网络的文献中，广为采用的一种结构形式。其网络的拓扑结构如图 3.5 所示。

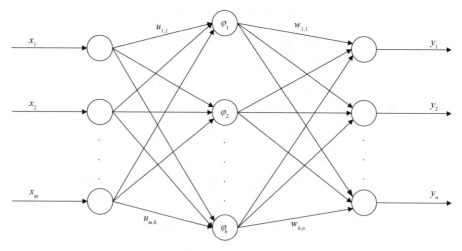

图 3.5　小波神经网络结构

该小波神经网络的输出为

$$y_j = \sum_{k=0}^{h} w_{k,j} \varphi_k (\sum_{i=1}^{m} u_{i,k} x_i) \qquad j = 1, 2, \cdots, n \tag{3.13}$$

式中，x_i 为输入层第 i 个节点的输入；y_j 为输出层第 j 个节点的输出；$u_{i,k}$ 为输入层节点 i 到隐层节点 k 的连结权值；$w_{k,j}$ 为隐层节点 k 到输出节点 j 的连结权值；m 为输入层节点数；h 为隐层节点数；n 为输出层节点数。$\varphi_1, \varphi_2, \cdots, \varphi_h$ 为母小波 $\psi(x)$ 经过伸缩和平移得到的小波基。

根据小波基函数和学习参数的不同，紧致型小波神经网络又可分为以下三种形式的网络。

（1）连续参数的小波神经网络。它的特点是基函数的定位不局限于有限离散值，冗余度高，展开式不唯一，无法固定小波参数与函数之间的对应关系。这种小波网络虽然类似于 RBF 神经网络，但是借助于小波分析理论，可以指导网络的初始化和参数选取，使网络具有较简单的拓扑结构和较快的收敛速度。

（2）以框架作为基函数的小波网络。由于不考虑正交性，小波函数的选取有很大的自由度。这种网络的可调参数只有权值，且与输出呈线性关系，可通过最小二乘或其他优化方法来修正权值，可调参数少，简单易行。

（3）基于多分辨分析的正交基小波网络。网络隐层节点由两种类型的节点组成：小波函数节点和尺度函数节点。当尺度足够大时，忽略小波细节分量，网络输出可以任意精度逼近目标值。

3. 神经网络结构及小波基

分析已匹配的 POS 无人机姿态数据和光电稳定平台补偿数据，充分考虑系统响应的后效性及二阶矩效应，光电稳定平台在 t 时刻的姿态补偿角和飞机在 t、$t-\Delta t$、$t-2\Delta t$

时刻（POS 记录时间间隔 $\Delta t = 0.005s$ ）具有较强的相关性，而其与其他时刻的姿态相关性较弱，可以忽略不计。因此，可以确定该光电稳定平台系统的输入为 $p_i(t-2\Delta t)$、$p_i(t-\Delta t)$ 和 $p_i(t)$，输出为 $p_o(t)$。从而确定小波神经网络的输入节点数 $m=3$，输出节点数 $n=1$。小波神经网络的隐层节点可以根据经验公式 $k=\sqrt{m+n}+a, a\in[1,10]$ 初步确定为 12，隐层节点的个数最终通过遗传小波神经网络训练后获得的特征系数来确定（罗玉春等，2007）。

众多小波基函数均可作为神经网络的激励函数。目前工程上常用 Morlet 小波函数，它的母小波函数如式（3.14）所示：

$$\psi(x) = \cos(1.75x)\exp(-x^2/2) \tag{3.14}$$

4. 神经网络编码

通过引入遗传算法来确定神经网络的结构。为此，需对神经网络结构进行染色体编码。遗传算法常用的染色体编码包括二进制编码方法、实数编码方法等。若采用二进制编码，各参数需要转换成二进制数，会造成染色体过长，并且应用时还需解码为实数，运算效率较低。为了提高运算效率，采用实数编码方法，编码方法如图 3.6 所示。对于 WNN 隐层中的第 k 个小波神经元，$u_{1,k},\cdots,u_{m,k}$ 为输入层到隐层节点的权值，$w_{k,1},\cdots,w_{k,n}$ 为隐层到输出层节点的权值，a_k, b_k 为节点 k 的小波尺度因子和平移因子。$C_k \in [0,1]$ 为隐层节点特征系数，其值大小决定了该隐层节点存在与否。根据经验，当 $C_k \geqslant 0.5$ 时认为该小波神经元存在，否则不存在（胡新辉和陈莉，2009）。

图 3.6　小波神经网络染色体编码

遗传算法中染色体的编码，每个隐层节点有 6 个连接权值、1 个尺度因子、1 个平移因子和 1 个特征系数，初始化时共有 12 个隐层节点，因此每条染色体的长度为 108。采用随机数方法初始化种群中每条染色体的参数，并根据图 3.6 对染色体进行编码。

3.2.3　遗传小波神经网络训练方法

光电稳定平台辨识时，应设置系统辨识精度、终止条件等参数。为有效衡量 WNN 中的参数建立的神经网络对系统辨识精度的影响，选择小波神经网络系统辨识误差函数 E 作为因变量的适应度函数。考虑到通常情况下适应度越大说明辨识效果越好，同时为了避免绝对误差值过小，采取遗传算法优化的小波神经网络适应度函数为

$$f = \frac{1}{1+E} \tag{3.15}$$

式中，$E = \dfrac{1}{n}\displaystyle\sum_{j=1}^{n}(y_j - \hat{y}_j)^2$，$y_j$ 为真实输出值，$\hat{y}_j$ 为自适应遗传小波神经网络模型的输出值。当 E 值最小，即 f 最大时，该染色体确定的小波神经网络结构参数是最优的。

自适应遗传小波神经网络算法对光电稳定平台系统进行辨识，其过程可分为以下六个步骤。

步骤 1：遗传小波神经网络初始化。种群大小影响遗传算法的搜索效果，太大会增加计算复杂度，太小会出现过早熟现象。选取种群的规模为 40，设置遗传算法的最大遗传代数 $T_{\max} = 100$，初始迭代次数 $g = 0$。

步骤 2：设定控制参数。考虑到光电稳定平台系统安装时标定的精度和试验过程中产生的不可测量随机误差量，设定迭代目标误差 $E_{\text{goal}} = 0.01$，根据式（3.15），可得适应度值 $f_{\text{goal}} = 0.9901$。

步骤 3：计算染色体适应度值。将染色体参数确定的小波神经网络结构，利用训练样本训练神经网络，训练后计算出迭代误差和染色体适应度值。

步骤 4：最优交叉率和变异率。根据式（3.16）和式（3.17），求解出当前种群最优交叉率和变异率（Subudhi et al.，2008）。

$$C = \begin{cases} C_1 - \dfrac{(C_1 - C_2)(f' - f_{\text{avg}})}{f_{\max} - f_{\text{avg}}}, & f' \geqslant f_{\text{avg}} \\ C_1, & f' < f_{\text{avg}} \end{cases} \tag{3.16}$$

$$F = \begin{cases} F_1 - \dfrac{(F_1 - F_2)(f_{\max} - f)}{f_{\max} - f_{\text{avg}}}, & f \geqslant f_{\text{avg}} \\ F_1, & f < f_{\text{avg}} \end{cases} \tag{3.17}$$

式中，$f_{\max}$ 为当前种群中个体最大适应度值；f_{avg} 为当前种群中个体平均适应度值；f' 为交叉两个个体中较大适应度值；f 为要变异个体适应度值；且 $C_1 > C_2$，$F_1 > F_2$。

步骤 5：交叉变异。根据式（3.18）适应度值大小概率来选取交叉变异个体：

$$p_i = \dfrac{f_i}{\displaystyle\sum_{i=1}^{40} f_i} \tag{3.18}$$

式中，f_i 为染色体适应度值。

对选择的个体根据式（3.19）进行差分变异，生成新的个体 v_i^{g+1}：

$$v_i^{g+1} = x_{r_3}^{g} + F \cdot (x_{r_1}^{g} - x_{r_2}^{g}) \tag{3.19}$$

式中，i, r_1, r_2, r_3 为取值在 $[1, N]$ 的互不相等的正整数；x_r^{g} 为父代个体；v_i^{g+1} 为变异个体。根据式（3.20）将生成的变异个体 v_i^{g+1} 与 x_i^{g} 进行重新组合，生成新的个体 $\tilde{x}_i^{g+1}$：

$$\tilde{x}_i^{g+1} = \begin{cases} v_{i,k}^{g+1}, & (\text{rand}(k) \leqslant C) \text{ or } (k = \text{mbr}(i)) \\ x_{i,k}^g, & (\text{rand}(k) > C) \text{ or } (k \neq \text{mbr}(i)) \end{cases} \tag{3.20}$$

$$k = 1, 2, \cdots, D$$

式中，$\text{rand}(k)$ 为 $[0,1]$ 内均匀分布概率，$C \in [0,1]$ 为当前最优交叉率，mbr 为 $[1,D]$ 内随机选取的整数；D 为优化问题的维数。

步骤 6：选择判断。保存适应度值最高的个体，直接复制未变异个体，生成新一代种群。若适应度值满足 $f_{\max} > f_{\text{goal}}$ 或者迭代次数 $g > T_{\max}$，迭代结束。否则，转步骤 3，$g = g + 1$，继续迭代。

3.3 光电稳定平台系统辨识效果分析

为了验证自适应遗传小波神经网络系统辨识算法对光电稳定平台补偿系统特性的辨识效果，取某次无人机外场试验获取的 POS 姿态数据和光电稳定平台记录的姿态补偿数据，按上述分析过程进行预处理、模型训练和辨识效果验证。经处理后获得 480181 组数据样本，发现姿态角变化范围较大，为了降低系统辨识的复杂度，且不失一般性完成系统辨识，按 3.1 节中样本选取策略选择 1000 组训练样本和 200 组校验样本。

利用该训练样本分别对光电稳定平台俯仰、滚转和偏航三个系统进行训练，根据训练后隐层节点的特征系数 C_k 值，确定了俯仰、滚转和偏航三个神经网络结构隐层节点数分别为 4、4、12，即俯仰、滚转和偏航系统辨识的神经网络结构分别为 3—4—1、3—4—1、3—12—1。

采用自适应遗传小波神经网络算法,通过训练样本训练后获得神经网络架构,将 200 组校验样本对分别输入三个系统,分析和比较真实值与神经网络预测值之间的误差,进而验证系统辨识效果。辨识结果如图 3.7～图 3.12 所示。

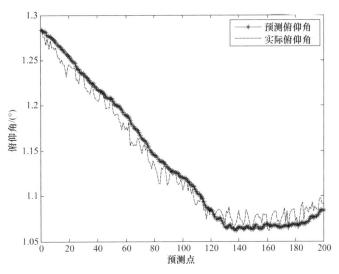

图 3.7 飞机俯仰角预测结果

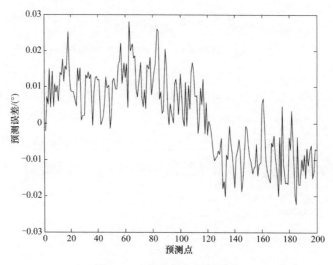

图 3.8　飞机俯仰角预测误差

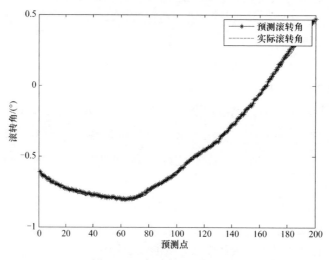

图 3.9　飞机滚转角预测结果

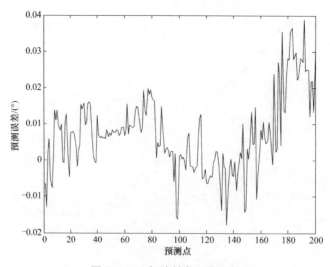

图 3.10　飞机滚转角预测误差

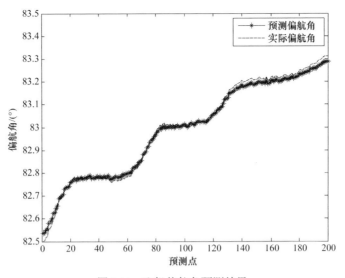

图 3.11　飞机偏航角预测结果

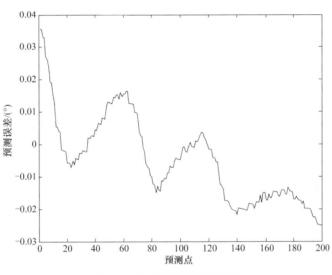

图 3.12　飞机偏航角预测误差

由图 3.7～图 3.12 可见，自适应遗传小波神经网络系统辨识算法能很好地辨识光电稳定平台补偿特性，预测值与真实值误差很小。为了定量地分析系统辨识效果，计算三个系统辨识的平均绝对误差、最大绝对误差、最大相对误差、均方差和适应度函数值五个指标，结果如表 3.1 所示。

表 3.1　系统辨识误差分析

	俯仰	滚转	偏航
平均绝对误差/（°）	0.0101	0.0116	0.0076
最大绝对误差/（°）	0.0281	0.0338	0.0355
最大相对误差/%	2.18	1.782	0.04
均方误差	0.00013	0.00016	0.0002
适应度函数值	0.9987	0.9998	0.9999

从表 3.1 可见，各分系统预测的最大误差较小（小于光电稳定平台安装时的标定误差 0.05°），辨识系统的适应度值也高于设定值。所以，采用自适应遗传小波神经网络可以较好地辨识出光电稳定平台的补偿系统特性。

参 考 文 献

崔锦泰. 1995. 小波分析导论. 程正兴译. 西安: 西安交通大学出版社.

韩京清. 2008. 自抗扰控制技术——估计补偿不确定因素的控制技术. 北京: 国防工业出版社.

胡新辉, 陈莉. 2009. 基于遗传算法的小波神经网络研究及应用. 西北大学学报(自然科学版), 39(2): 203-207.

蒋定定, 许兆林, 李开端. 2005. 航空光电侦察平台中的关键技术及其发展. 江苏航空, (3): 30-31.

罗玉春, 都洪基, 崔芳芳. 2007. 基于 Matlab 的 BP 神经网络结构与函数逼近能力的关系分析. 现代电子技术, (24): 88-90.

杨少康. 2013. 机载光电稳定平台减振技术应用研究. 西安: 西安工业大学硕士学位论文.

杨维新, 唐伶俐, 汪超亮, 李子扬. 2013. 基于遗传小波神经网络的光电稳定平台系统辨识. 仪器仪表学报, 34(3): 517-523.

杨业飞, 申文涛. 2011. 惯性稳定平台中陀螺技术的发展现状和应用研究. 飞航导弹, (2): 72-79.

Subudhi B, Jena D, Gupta M M. 2008. Memetic differential evolution trained neural networks for nonlinear system identification. In: Industrial and Information Systems. ICIIS 2008 IEEE Region 10 and the Third international Conference on IEEE, 1-6.

Valarmathi K, Devaraj D, Radhakrishnan T K. 2009. Intelligent techniques for system identification and controller tuning in pH process. Brazilian Journal of Chemical Engineering, 26(1): 99-111.

第4章 基于载荷运动的图像质量退化效应分析

无人机遥感光学载荷成像过程中，因在成像时间内光学载荷速度及姿态的变化，引起物-像之间发生相对移位，从而导致获取的遥感图像出现模糊、几何畸变等退化现象。为了定量衡量载荷运动与退化图像质量之间的内在规律，从无人机遥感光学载荷成像的机理出发，仿真因载荷运动变化引起的退化图像，选择合理的图像质量评价方法，通过图像评价指标定量揭示图像退化敏感性与退化因素之间的关系。

4.1 退化模型

4.1.1 坐标系转换方法

无人机平台、惯性测量单元（inertial measurement unit，IMU）、光学载荷的像平面、目标地物等处于不同的坐标体系，相互间的变量、参数不能直接进行代数运算。为了构建无人机光学载荷成像模型，必须转换为同一坐标系的参量。无人机遥感载荷和地物分别处在像空间坐标系和投影坐标系下。由于遥感图像是在投影坐标系下，所以需要将像空间坐标系的参数转换为投影坐标系下对应的参数。像空间坐标系到投影坐标系，涉及传感器坐标系、IMU 坐标系、导航坐标系的转换，从而需要研究不同坐标系之间的相互转换模型（刘军等，2006）。

1. 坐标系统与转角系统

对于 IMU 来说，涉及 IMU 坐标系、导航坐标系和地心坐标系；对于光学载荷相机来说，涉及像空间坐标系、传感器坐标系和测图坐标系（物方坐标系）。在研究各坐标系间的转换关系前，需定义相关坐标系，具体情况如下。

（1）像空间坐标系（i）：原点位于像主点，x 轴指向飞行方向，y 轴指向影像左侧，z 轴向上。

（2）传感器坐标系（c）：原点位于传感器镜头透视中心，x 轴指向飞行方向，y 轴指向传感器右侧，z 轴向下。

（3）IMU 坐标系（b）：原点位于 IMU 传感器几何中心，坐标轴与 IMU 陀螺的指向相一致。

（4）导航坐标系（g）（也称为局部地理坐标）：与参考椭球相切，x 轴指向北方，y 轴指向东方，z 轴向下。

（5）地心坐标系（E）：固定在参考椭球上的坐标系，原点在参考椭球中心，x 轴指向赤道与格林尼治子午线的交点，y 轴指向赤道与 90°子午线的交点，z 轴穿过北极。

（6）测图坐标系（m）：用户指定的任意局部右手坐标系。

其中 IMU 坐标系可以在安装时与飞机所在的机体坐标系保持一致，即将 IMU 的三轴指向与机体坐标系的指向保持一致，x 轴指向机头，z 轴垂直向下，y 轴指向飞机右侧，如图 4.1 所示。

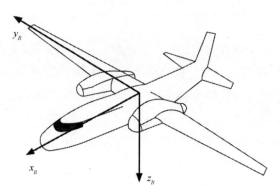

图 4.1　机体坐标系示意图

IMU 记录的俯仰角 Θ、滚转角 Φ 和偏航角 Ψ 三个姿态角是导航坐标系到 IMU 坐标系的三个夹角。三个姿态角的定义如图 4.2 所示。机头向上为 Θ 角正方向，右翼向下为 Φ 角正方向，机头顺时针偏移为 Ψ 角正方向。

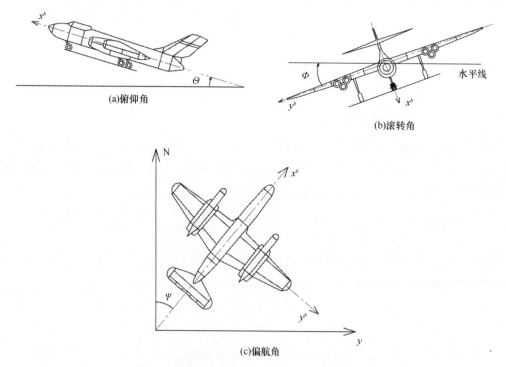

图 4.2　IMU 飞机俯仰角、滚转角、偏航角示意图

导航坐标系是一个局部切平面坐标系，它是随着飞机的位置不同而跟随变化的，但它与测图坐标系可以通过地心坐标系作为中介来转换，导航坐标系定义的示意图如图 4.3 所示。

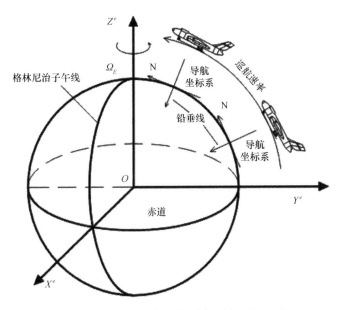

图 4.3　地心坐标系与导航坐标系之间的关系

在航空摄影测量系统中，一般采用 (φ-ω-κ) 转角系统，其基本定义如图 4.4 所示。

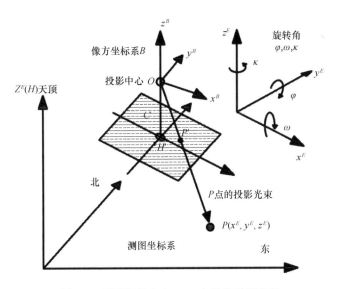

图 4.4　摄影测量中 (φ-ω-κ) 转角系统定义

2. 坐标系统转换

有了上述坐标系统与转角系统定义后，POS 系统的 IMU 记录的位置姿态数据坐标转换的基本过程为：像空间坐标系→传感器坐标系→IMU 坐标系→导航坐标系→地心坐标系→切平面坐标系（地辅坐标系）（刘军等，2006）。

1）地心坐标系（E）到地辅坐标系（m）的转换矩阵：R_E^m

当地辅坐标系为经纬度（L_0，B_0）处的椭球切面坐标系时，转换矩阵为

$$R_E^m = \begin{pmatrix} -\sin L_0 & \cos L_0 & 0 \\ -\cos L_0 \sin B_0 & -\sin L_0 \sin B_0 & \cos B_0 \\ \cos L_0 \cos B_0 & \sin L_0 \cos B_0 & \sin B_0 \end{pmatrix} \tag{4.1}$$

式中，（L_0，B_0）为地辅坐标系原点的经纬度。

2）导航坐标系（g）到地心坐标系（E）的转换矩阵：R_g^E

$$R_g^E = \begin{pmatrix} \cos l & -\sin l & 0 \\ \sin l & \cos l & 0 \\ 0 & 0 & 1 \end{pmatrix} \begin{pmatrix} \cos(90^0 + \lambda) & 0 & -\sin(90^0 + \lambda) \\ 0 & 1 & 0 \\ \sin(90^0 + \lambda) & 0 & \cos(90^0 + \lambda) \end{pmatrix}$$

$$= \begin{pmatrix} -\sin\lambda\cos l & -\sin l & -\cos\lambda\cos l \\ -\sin\lambda\sin l & \cos l & -\cos\lambda\sin l \\ \cos\lambda & 0 & -\sin\lambda \end{pmatrix} \tag{4.2}$$

式中，(l,λ) 为 IMU 中心的经纬度。

3）IMU 坐标系（b）到导航坐标系（g）的转换矩阵：R_b^g

$$R_b^g = R_Z(\Psi)R_Y(\Theta)R_X(\Phi)$$

$$= \begin{pmatrix} \cos\Psi & -\sin\Psi & 0 \\ \sin\Psi & \cos\Psi & 0 \\ 0 & 0 & 1 \end{pmatrix} \begin{pmatrix} \cos\Theta & 0 & \sin\Theta \\ 0 & 1 & 0 \\ -\sin\Theta & 0 & \cos\Theta \end{pmatrix} \begin{pmatrix} 1 & 0 & 0 \\ 0 & \cos\Phi & -\sin\Phi \\ 0 & \sin\Phi & \cos\Phi \end{pmatrix}$$

$$= \begin{pmatrix} \cos\Theta\cos\Psi & \sin\Phi\sin\Theta\cos\Psi - \cos\Phi\sin\Psi & \cos\Phi\sin\Theta\cos\Psi + \sin\Phi\sin\Psi \\ \cos\Theta\sin\Psi & \sin\Phi\sin\Theta\sin\Psi + \cos\Phi\cos\Psi & \cos\Phi\sin\Theta\sin\Psi - \sin\Phi\cos\Psi \\ -\sin\Theta & \sin\Phi\cos\Theta & \cos\Phi\cos\Theta \end{pmatrix} \tag{4.3}$$

式中，(Θ,Φ,Ψ) 为 IMU 记录的三个姿态角。

4）传感器坐标系（c）到 IMU 坐标系（b）的转换矩阵：R_c^b

$$R_c^b = \begin{pmatrix} 1 & 0 & 0 \\ 0 & \cos\Theta_x & -\sin\Theta_x \\ 0 & \sin\Theta_x & \cos\Theta_x \end{pmatrix} \begin{pmatrix} \cos\Theta_y & 0 & \sin\Theta_y \\ 0 & 1 & 0 \\ -\sin\Theta_y & 0 & \cos\Theta_y \end{pmatrix} \begin{pmatrix} \cos\Theta_z & -\sin\Theta_z & 0 \\ \sin\Theta_z & \cos\Theta_z & 0 \\ 0 & 0 & 1 \end{pmatrix}$$

$$= \begin{pmatrix} \cos\Theta_y\cos\Theta_z & -\cos\Theta_y\sin\Theta_z & -\sin\Theta_y \\ \sin\Theta_x\sin\Theta_y\cos\Theta_z + \cos\Theta_x\sin\Theta_z & -\sin\Theta_x\sin\Theta_y\sin\Theta_z + \cos\Theta_x\cos\Theta_z & -\sin\Theta_x\cos\Theta_y \\ -\cos\Theta_x\sin\Theta_y\cos\Theta_z + \sin\Theta_x\sin\Theta_z & \cos\Theta_x\sin\Theta_y\sin\Theta_z + \sin\Theta_x\cos\Theta_z & \cos\Theta_x\cos\Theta_y \end{pmatrix}$$

$$\tag{4.4}$$

式中，$(\varTheta_x, \varTheta_y, \varTheta_z)$ 为 IMU 坐标系与传感器坐标系之间的固定安装角度，即 IMU 相对于传感器的轴线偏差。

5）像空间坐标系（i）到传感器坐标系（c）的转换矩阵：R_i^c

$$R_i^c = \begin{pmatrix} 1 & 0 & 0 \\ 0 & -1 & 0 \\ 0 & 0 & -1 \end{pmatrix} \tag{4.5}$$

最终的旋转矩阵为

$$R_i^m = R_E^m R_g^E R_b^g R_c^b R_i^c \tag{4.6}$$

在将 POS 姿态数据的 $(\varTheta, \varPhi, \varPsi)$ 转换为摄影测量系统中的 $(\varphi, \omega, \kappa)$ 的同时，还需要把 POS 系统测定的 IMU 几何中心在地心坐标系中的坐标 $(X_{\mathrm{IMU}}, Y_{\mathrm{IMU}}, Z_{\mathrm{IMU}})$ 转换为摄影测量外方位元素中的线元素，即传感器（光学载荷）镜头透视中心在地辅坐标系中的坐标 (X_S, Y_S, Z_S)。考虑到 IMU 几何中心与传感器镜头透视中心不可能重合，如果传感器镜头透视中心在 IMU 坐标系中的坐标为 (x_l, y_l, z_l)，则 (X_S, Y_S, Z_S) 的计算公式如式（4.7）所示：

$$\begin{bmatrix} X_S \\ Y_S \\ Z_S \end{bmatrix} = R_E^m \begin{bmatrix} X_{\mathrm{IMU}} \\ Y_{\mathrm{IMU}} \\ Z_{\mathrm{IMU}} \end{bmatrix}^E + R_g^E R_b^g \begin{bmatrix} x_l \\ y_l \\ z_l \end{bmatrix}^b - \begin{bmatrix} X_0 \\ Y_0 \\ Z_0 \end{bmatrix} \tag{4.7}$$

式中，偏心矢量 (x_l, y_l, z_l) 可直接测量得到；(X_0, Y_0, Z_0) 为地辅坐标系原点 (L_0, B_0) 对应的地心直角坐标。通过角元素和线元素的转换，最终能将载荷姿态数据转换为成像时刻的外方位元素。

4.1.2　基于载荷运动像移图像退化模型研究

光学载荷的平动、俯仰运动、滚转运动和偏航运动都是导致图像质量退化的重要因素。为研究光学载荷图像质量与载荷运动之间的内在规律，下面将分别构建载荷运动的图像质量退化模型（刘明等，2004）。

1. 光学载荷速度成像退化模型

无人机遥感作业过程中，由于飞行速度很快，所以可简单认为光学载荷移动的速度即为无人机的飞行速度（无人机飞行速度远大于载荷相对运动速度），并且光学载荷曝光时间极短（通常为 ms），从而可以认为在曝光时间内，载荷处于匀速直线运动状态。光学载荷遥感图像获取过程中，因速度产生的移动量近似为无人机速度和曝光时间的乘积。载荷速度对成像影响的示意图如图 4.5 所示。

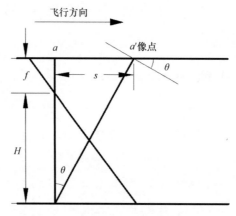

图 4.5　载荷速度对成像影响的示意图

由图 4.5 的几何关系可知，载荷速度产生的前向像移量 δ_1 与各参数之间关系如式（4.8）所示：

$$\delta_1 = f\frac{V}{H}T \tag{4.8}$$

式中，f 为光学系统的焦距；V 为无人机的飞行速度；H 为飞行高度；T 为载荷曝光时间。

载荷速度引起的前向像移量产生的退化函数（点扩散函数）如式（4.9）所示：

$$h(x) = \begin{cases} \dfrac{1}{\delta_1}, & 0 \leqslant x \leqslant \delta_1 \\ 0, & 其他 \end{cases} \tag{4.9}$$

对式（4.9）进行傅里叶变换，可以获得频域退化函数模型，如式（4.10）所示：

$$|H(u)| = \left| \frac{\sin(\pi\delta_1 u)}{\pi\delta_1 u} \right| \tag{4.10}$$

2. 载荷姿态成像退化模型

载荷的俯仰运动、滚转运动和偏航运动引起目标在像平面内发生相对位移，为此可以研究载荷运动在像平面内的像移量，构建载荷姿态变化引起的图像质量退化模型。

1）俯仰角变化像移量

载荷的俯仰运动引起地物影像在像平面内产生相对移动，导致获取的图像质量在无人机飞行方向出现退化现象，且离载荷中心的垂直下视点越远，退化现象就越严重。载荷俯仰运动对图像质量退化的影响程度与像移量有关，俯仰运动产生的像移量 δ_2 计算方法如式（4.11）所示：

$$\delta_2 = f \cdot \omega_\theta \cdot T \tag{4.11}$$

式中，ω_θ 为载荷俯仰运动的平均角速度。

2）滚转角变化像移量

载荷的滚转运动引起地物影像在像平面内产生相对移动，导致获取的图像质量在垂直于无人机飞行方向上出现退化现象，且离载荷中心的垂直下视点越远，退化现象就越严重。载荷滚转运动对图像质量退化的影响程度与像移量有关，滚转运动产生的像移量 δ_3 计算方法如式（4.12）所示：

$$\delta_3 = f \cdot \omega_\phi \cdot T \tag{4.12}$$

式中，ω_ϕ 为载荷滚转运动的平均角速度。

3）偏航角变化像移量

载荷的偏航运动引起地物影像在像平面内产生旋转运动，导致获取的图像质量以垂直下视点为中心、不同半径旋转，引起图像出现旋转退化现象，且离载荷垂直下视点越远，退化现象就越严重。载荷偏航运动对图像质量的影响是通过像平面内的旋转像移量来实现的，偏航产生的像移量 δ_4 计算方法如式（4.13）所示：

$$\delta_4 = L \cdot \omega_\psi \cdot T \tag{4.13}$$

式中，L 为像点距离偏航转动中心的距离；ω_ψ 为载荷偏航运动的平均角速度。

4）载荷运动像移量合成

载荷运动像移量不但有大小，而且有方向，是矢量。因此在俯仰、滚转、偏航三个像移量的合成上满足矢量合成法则。图 4.6 是三个姿态像移量矢量合成示意图。

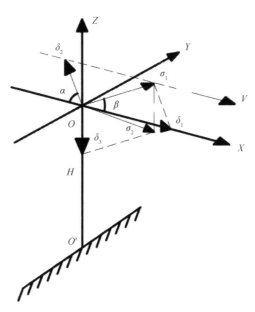

图 4.6 载荷运动像移量合成示意图

图 4.6 中 X 轴的正向为无人机的飞行方向，α 为矢量 δ_1 与 δ_2 的夹角，则二者的矢量合成为

$$\sigma_1 = \sqrt{\delta_1^2 + \delta_2^2 - 2\delta_1 \cdot \delta_2 \cdot \cos\alpha} \tag{4.14}$$

式中，α 为载荷俯仰角 φ 的余角，再将 σ_1 和 δ_3 合成 σ_2，两个矢量间的夹角 β 的计算方法如式（4.15）所示：

$$\beta = \arcsin\frac{\delta_2 \cdot \sin\alpha}{\sigma_1} \tag{4.15}$$

σ_1 和 δ_3 合成的新矢量 σ_2：

$$\sigma_2 = \sqrt{\sigma_1^2 + \delta_3^2 - 2 \cdot \sigma_1 \cdot \delta_3 \cos\beta} \tag{4.16}$$

3. 载荷姿态和速度成像质量退化模型

载荷姿态变化产生的像移量和载荷速度产生的像移量在像平面内的矢量合成，即为载荷在成像过程中总的像移量。当像移量成任意方向时，假设其在像平面 X 方向和 Y 方向上的分量分别为 m 和 n，如图 4.7 所示。

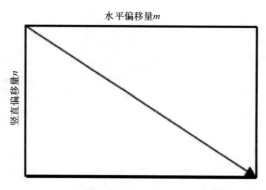

图 4.7　像移矢量在 X 和 Y 方向分解

当 $m \geqslant n$ 时，载荷成像退化的点扩散函数为

$$h(x,y) = \begin{cases} \dfrac{1}{m} & 0 \leqslant x \leqslant m, \ \ y = \left[\dfrac{n}{m}x\right] \\ 0 & \text{其他} \end{cases} \tag{4.17}$$

当 $m < n$ 时，运动模糊的点扩散函数为

$$h(x,y) = \begin{cases} \dfrac{1}{n} & 0 \leqslant y \leqslant n, \ \ x = \left[\dfrac{m}{n}y\right] \\ 0 & \text{其他} \end{cases} \tag{4.18}$$

式中，"[]" 为取整，频域内的成像质量退化模型可根据式（4.9）和式（4.10）变换求得。

载荷获取一帧数据图像的成像时间内，若上述过程发生了 n 次变化，则该成像的退

化模型可以表示为

$$h(x,y) = h_1(x,y) * h_2(x,y) \cdots h_n(x,y) \qquad (4.19)$$

4.1.3　基于载荷运动的图像退化模型仿真分析

光学载荷数据获取过程中，由于物像发生相对运动，导致获取的遥感图像出现模糊、几何畸变等退化现象。分析载荷数据获取过程，抽象的成像过程如图 4.8 所示。

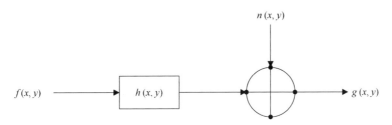

图 4.8　载荷数据获取过程示意图

其中，$f(x,y)$ 为理想情况下获取的遥感图像，$h(x,y)$ 为载荷运动产生的点扩散函数，$n(x,y)$ 为遥感图像获取过程中引入的噪声，$g(x,y)$ 为实际获取的遥感图像。由此，成像过程可以用式（4.20）的解析表达式来描述：

$$g(x,y) = f(x,y) * h(x,y) + n(x,y) \qquad (4.20)$$

光学载荷分为线阵载荷和面阵载荷。面阵载荷在获取图像时，因曝光时间非常短（通常为 ms 级），每一幅图像内部像元不会发生相对移位（几何畸变量非常小，可以忽略不计），所以在对面阵载荷获取图像进行敏感性分析时，研究重点放在图像的模糊退化方面。线阵载荷在获取一景图像时，图像中每一帧数据对应的载荷姿态不尽相同，导致一景图像内部可能会出现重影和几何畸变等现象，因此线阵载荷获取图像的过程比面阵载荷要复杂得多，在对线阵载荷进行因载荷运动而引起图像质量退化的敏感性分析时，不仅要考虑图像模糊退化，还要研究线阵图像的几何畸变退化。总结起来，不仅要突出研究内容的侧重性，同时还要考虑研究的全面性，因此面阵载荷需要重点研究图像的模糊退化，而线阵载荷则需要重点研究图像的几何畸变退化。

基于载荷运动在像平面上合成像移量和图像质量退化模型，仿真出光学面阵载荷的模糊图像和线阵载荷的几何畸变图像，结果如图 4.9 所示（以 2011 年 9 月 3 日包头无人机外场试验为例，选取光学面阵相机载荷像移量 A 为 5，方向为 0°和 45°，线阵图像数据采集频率为 30Hz）。

由图 4.9 可见，对于光学面阵载荷，像移量影响图像的模糊程度，像移量的变化方向影响图像的模糊方向；对于光学线阵载荷，载荷成像时的姿态变化导致图像的几何畸变。

(a)原始图像

(b)模糊图像(方向angle =0°，A=5)

(c)模糊图像(方向angle =45°，A=5)

(d)几何畸变图像(频率f= 30Hz)

图 4.9　载荷运动引起的图像退化仿真

4.2　图像质量评价方法

图像退化的仿真结果表明，载荷运动引起的图像退化主要包括模糊和几何畸变。因此，进行图像质量评价时，应选择能准确衡量图像模糊和几何畸变失真程度的图像质量评价方法。针对图像模糊程度退化评价方法，从主观、客观、时域、频域四个方面综合考虑。根据人类主观质量评价因素及其对图像结构信息的敏感性，选取基于梯度结构相似度的清晰度评价方法。在频域方面，考虑图像频域成分比例变化对图像质量的影响，选择二次模糊图像清晰度算法。在客观图像质量评价方面，选择相对边缘响应清晰度评价方法。线阵图像的几何畸变，体现在图像中地物的长度和相对位置发生变化，所以在对图像几何畸变进行评价时，选择了长度畸变和角度畸变评价方法。

4.2.1 基于梯度结构相似度的清晰度评价方法

Wang 等（2004）利用人类视觉系统（human version system，HVS）非常适用于提取目标的结构信息的特点，提出了图像结构相似度的概念（SSIM）。他认为只要能计算出目标的结构信息变化，就能够感知图像失真程度。杨春玲（2007）基于这一思路，将该方法引入全参考图像的清晰度评价中。谢小甫等（2010）进一步改进了杨春玲的方法，结合人眼视觉系统的相关特点，设计了无参考图像清晰度评价方法，具体如下。

（1）为待评价图像选择参考图像——记参考图像为 I_r，待评价图像为 I。

（2）提取图像 I 和 I_r 的梯度信息——利用人眼对水平和竖直方向的边缘信息敏感的特性，使用 Sobel 算子分别提取水平和竖直方向的边缘信息，并定义 I 和 I_r 的梯度图像为 G 和 G_r。

（3）找出图像 G 中梯度信息最丰富的 N 个图像块——通过计算方差来找出梯度图像 G 中梯度信息最丰富的 N 个图像块（方差越大说明梯度信息越丰富），根据找到的图像 G 中的 N 个图像块，一并找出图像 G_r 中对应的 N 个图像块。

（4）计算结构清晰度——根据找到的梯度信息最丰富的 N 个块来计算图像 I 的清晰度 Definition，如下式所示：

$$\text{Definition} = 1 - \frac{1}{N}\sum_{i=1}^{N}\text{SSIM}(x_i, y_i) \tag{4.21}$$

式中，$\text{SSIM}(x_i, y_i)$ 为两个梯度图像 G_r 和 G 中第 i 个图像块的结构相似度。公式为

$$\text{SSIM}(x, y) = l(x, y) \cdot c(x, y) \cdot s(x, y)$$

$$l(x, y) = \frac{2\mu_x\mu_y + C_1}{\mu_x^2 + \mu_y^2 + C_1}$$

$$c(x, y) = \frac{2\sigma_x\sigma_y + C_2}{\sigma_x^2 + \sigma_y^2 + C_2} \tag{4.22}$$

$$s(x, y) = \frac{\sigma_{xy} + C_3}{\sigma_x\sigma_y + C_3}$$

式中，μ_x 和 μ_y 分别为两个图像块的灰度均值；σ_x 和 σ_y 分别为两个图像块的灰度标准差；σ_{xy} 为两个图像块的灰度相关系数；公式中的 C_1、C_2、C_3 均为非常小的正数，是为了防止计算中出现分母为零或者过小的现象。

式（4.21）中，清晰度 Definition 的值域为 $[0, 1]$，值越大表示待评图像越清晰；反之，则表示图像越模糊。

4.2.2 二次模糊清晰度评价方法

Crete 等（2007）提出，如果一幅图像已经模糊了，那么再对它进行一次模糊处理，

高频分量变化不大，但是如果原图是清晰的，对它进行一次模糊处理，则高频分量变化会非常大。因此，可以通过对待评测图像进行一次高斯模糊处理来得到该图像的退化图像，然后再比较原图像和退化图像相邻像素值的变化情况，根据变化的大小来确定清晰度值的高低。计算结果越小，则代表图像越清晰，反之则越模糊。这种思路可称为基于二次模糊的清晰度算法（reblur definition，RD），其算法流程如图 4.10 所示。

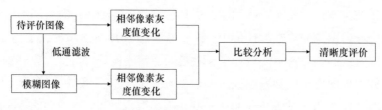

图 4.10　二次模糊清晰度算法流程图

4.2.3　相对边缘响应评价方法

相对边缘响应（relative edge response，RER）是通过计算图像中归一化边缘响应函数沿梯度方向的斜率来得到的。先分别测量 X 和 Y 方向上的归一化边缘响应函数，再计算两个方向上的相对边缘响应并求其几何平均。计算方法和过程如下。

在 X 方向上：

$$\text{ER}_x(d) = 0.5 + \frac{1}{\pi} \int_0^{n_x} \left(\frac{\text{System}X(\xi)}{\xi} \sin(2\pi\xi d) \right) \text{d}\xi \tag{4.23}$$

在 Y 方向上：

$$\text{ER}_y(d) = 0.5 + \frac{1}{\pi} \int_0^{n_y} \left(\frac{\text{System}Y(\xi)}{\xi} \sin(2\pi\xi d) \right) \text{d}\xi \tag{4.24}$$

式中，$\text{System}X$、$\text{System}Y$ 分别为 X 和 Y 方向上的调制传递函数；n_x、n_y 分别为 X 和 Y 方向上调制传递函数的归一化截止频率；d 为 X 方向或 Y 方向上距离边缘像素中心的位置（单位为像素）；ξ 为空间频率。分别计算 X 和 Y 方向距离边缘像素中心+0.5 像素和−0.5 像素处的边缘响应 ER 的差值，得到 X 和 Y 方向的相对边缘响应 RER_x 和 RER_y：

$$\begin{cases} \text{RER}_x = \text{ER}_x(0.5) - \text{ER}_x(-0.5) \\ \text{RER}_y = \text{ER}_y(0.5) - \text{ER}_y(-0.5) \end{cases} \tag{4.25}$$

图像的 RER 计算如式（4.26）所示：

$$\text{RER} = \sqrt{\text{RER}_x \times \text{RER}_y} \tag{4.26}$$

RER 的值域为 $[0, 1]$，值越大表示待评图像越清晰；反之，则表示图像越模糊。

4.2.4　长度畸变评价方法

在原图像上均匀选择并标记 $N(N>10)$ 个特征点，同时在退化图像上找到对应的特征点，通过比较两幅图中对应特征点对之间长度关系来计算图像的长度畸变，计算方法如式（4.27）所示：

$$P_{i,j} = \left| d'_{i,j} - d_{i,j} \right| \tag{4.27}$$

式中，$P_{i,j}$ 为两幅图像中特征点 i 和特征点 j 之间的长度畸变值；$d_{i,j}$ 为原图像中特征点 i 和特征点 j 之间的距离；$d'_{i,j}$ 为退化图像特征点 i 和特征点 j 之间的距离。单位均为像素。

计算所有特征点对的长度畸变值并取其均方根值，即为退化图像的长度畸变值。

4.2.5 角度畸变评价方法

在原图像上均匀选择并标记 $N(N>10)$ 个特征点，同时在退化图像上找到对应的特征点，以退化图像对应于原图像的某一特征点 o 为顶点，计算特征点 o 与两图中对应的其他任意两个特征点 i、j 所成夹角 $\angle ioj$ 的畸变，计算方法如式（4.28）所示：

$$Q_{ioj} = \left| \theta'_{ioj} - \theta_{ioj} \right| \tag{4.28}$$

式中，θ_{ioj} 为原图像中 $\angle ioj$ 的角度，且有 $0° \leqslant \theta_{ioj} \leqslant 180°$；$\theta'_{ioj}$ 为退化图像中 $\angle ioj$ 的角度，且有 $0° \leqslant \theta'_{ioj} \leqslant 180°$；$Q_{ioj}$ 为两幅图像中所成夹角 $\angle ioj$ 之间的角度畸变值。

依次计算所有特征点与其他特征点所成夹角的角度畸变值并取其均方根值，即为退化图像的角度畸变值。

4.3 图像退化效应敏感性分析

敏感性分析是指从定量分析的角度，研究相关因素发生某种变化，对某一个或一组关键指标影响程度的一种不确定分析技术，其本质是通过逐一改变相关变量数值的方法来揭示关键指标受这些变动影响大小的规律。根据作用范围，敏感性分析可分为局部敏感性分析和全局敏感性分析。其中，局部敏感性分析只检验单个属性对模型的影响程度，而全局敏感性分析是检验多个属性对模型结果的总影响，并分析属性间的相互作用对模型输出的影响。

从前文分析可知，引起无人机光学遥感载荷图像质量退化的主要因素包括载荷前向速度、载荷姿态（俯仰、滚转和偏航）幅值和频率。因此，可以采用敏感性分析方法，通过改变载荷速度、载荷姿态幅值和频率等因素，来生成退化的遥感图像，利用选取的图像质量评价方法来得到图像质量评价结果，定量分析上述因素对遥感图像质量影响的敏感程度。

4.3.1 面阵载荷图像退化敏感性分析

1. 面阵载荷速度引起图像退化敏感性分析

光学面阵载荷曝光时间内，因载荷速度的影响，引起地物在像平面成像发生相对移位，导致获取的图像出现模糊退化现象。由前述载荷速度引起图像像移量变化的式（4.8），其影响因素包括载荷的焦距、成像时的高度，以及图像获取时间。通过改变载荷的速度，获得一系列的载荷像移量，进而可以基于图像质量退化模型构建一系列的退化仿真图像。然后再利用上述图像质量评价方法，对图像质量评价结果加以分析，以获取图像质量对载荷速度变化敏感性的内在规律。

无人机遥感光学载荷图像获取过程中，作业高度基本上是不变的，因此在研究载荷速度运动对成像质量影响时，是以速高比为变量进行研究的（刘明等，2004）。根据查阅的中小型无人机参数资料，其飞行速度范围为 30～180m/s（樊邦奎，2001）。为不失一般性地研究载荷速度对图像质量的影响，研究中的无人机飞行高度范围为 100～5000m，无人机光学载荷的速高比范围为 0.006～1.8/s，在此基础上研究载荷速度变化引起的图像质量退化敏感性问题。

以某光学面阵载荷相机为研究对象，该载荷曝光成像时间为 0.001s，焦距为 0.0665m，像元尺寸大小为 6.5×10^{-6}m，速高比 V/H 的范围为 0.1～1.8/s。根据载荷速度运动引起的像移量计算式（4.8），可以计算出载荷速度变化引起的以像元为单位的像移量，结果如表 4.1 所示。

表 4.1　载荷速度引起的像移量

V/H	0.1	0.2	0.3	0.4	0.5	0.6
δ_1	1.0231	2.0462	3.0692	4.0923	5.1154	6.1385
V/H	0.7	0.8	0.9	1.0	1.1	1.2
δ_1	7.1615	8.1848	9.2077	10.2308	11.2538	12.2769
V/H	1.3	1.4	1.5	1.6	1.7	1.8
δ_1	13.3000	14.3231	15.3462	16.3692	17.3923	18.4154

计算载荷速度运动产生的像移量，然后利用已建立的成像退化模型，可以仿真出载荷速度变化引起的退化图像，选用梯度清晰度（GD）、二次模糊清晰度（RD）和相对边缘响应（RER）三个指标，对退化图像进行质量评价，三种方法评价结果，如表 4.2 所示。

表 4.2　载荷速度像移量引起图像退化质量评价值

δ_1	1.0231	2.0462	3.0692	4.0923	5.1154	6.1385
GD	0.307	0.206	0.181	0.083	0.063	0.030
RD	38.87	31.00	29.97	26.74	25.65	23.74
RER	0.46	0.34	0.31	0.23	0.22	0.19
δ_1	7.1615	8.1848	9.2077	10.2308	11.2538	12.2769
GD	0.024	0.022	0.020	0.019	0.018	0.017
RD	22.80	21.38	20.56	19.51	18.84	18.07
RER	0.20	0.19	0.21	0.20	0.20	0.20
δ_1	13.3000	14.3231	15.3462	16.3692	17.3923	18.4154
GD	0.0173	0.0172	0.0172	0.0172	0.0173	0.0168
RD	17.52	16.91	16.45	15.97	15.59	15.21
RER	0.21	0.21	0.22	0.18	0.21	0.17

为了直观反映载荷速度对图像质量的影响，寻找内在规律，将评价结果绘制到各评价结果变化曲线图中，如图4.11～图4.13所示。

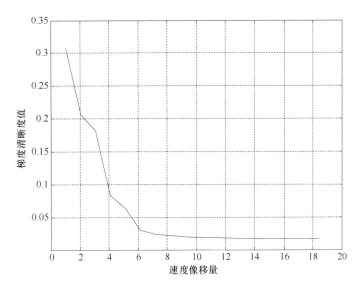

图 4.11 梯度清晰度评价（载荷速度）

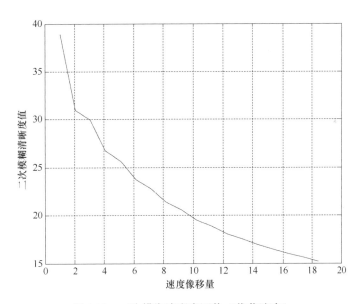

图 4.12 二次模糊清晰度评价（载荷速度）

由图4.11～图4.13可见，针对载荷速度引起的图像模糊，采用梯度清晰度、二次模糊清晰度和相对边缘响应评价，基本上获得了一致的结论：①随着载荷速高比的增加，像平面的像移量增加，图像模糊程度也越来越高，梯度清晰度值、二次模糊清晰度值和相对边缘响应评价值越来越小；②载荷速度引起的像移量小于6个像元时，梯度清晰度值、二次模糊清晰度值和相对边缘响应评价值减少较快，而当像移量大于6个像元时，其值变化减小，乃至不再变化。

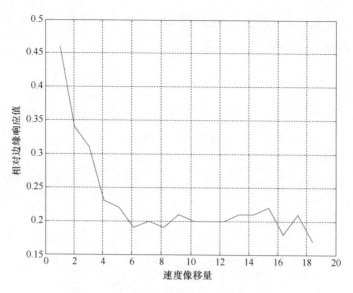

图 4.13　相对边缘响应评价（载荷速度）

　　分析产生这些规律的原因，是由于在成像时间内，载荷运动的速度造成地物在像平面的相对移动量越大，涉及的像元数越多，则图像模糊程度越大，当利用梯度清晰度、二次模糊清晰度和相对边缘响应这些方法进行评价时，评价值就越小；随着载荷速度的继续增大，图像逐渐变得非常模糊，不过模糊程度变化率会越来越小，当像移量增加到一定值时，模糊程度改变值就非常小了，导致退化图像的梯度清晰度、二次模糊清晰度和相对边缘响应评价值基本不变。

2. 面阵载荷俯仰角引起图像退化敏感性分析

　　光学面阵载荷数据获取过程中，载荷俯仰角的变化将引起地物在像平面上沿无人机飞行方向或者反方向发生相对移动，导致获取的图像出现模糊现象。由前述载荷俯仰角引起图像像移量变化的式（4.11），通过改变载荷俯仰角，获得一系列的载荷俯仰像移量。进而可以基于图像质量退化模型构建一系列的退化仿真图像。然后再利用上述图像质量评价方法，通过图像质量评价结果加以分析，以获取图像质量对载荷俯仰角变化敏感性的内在规律。

　　仿真分析中，以无人机外场试验采用的光电稳定平台 PAV80 的俯仰角补偿范围（–8°～+6°）（Product Description Leica PAV80，2011）作为俯仰角的变化范围。参考无人机某次外场试验获取的俯仰角姿态变化数据，设置载荷俯仰角的最大变化率为 1.1°/s。光学面阵载荷的相关参数：载荷焦距为 0.0665m，曝光时间为 0.001s，像元尺寸为 6.5×10^{-6}m。利用式（4.11），通过改变俯仰角的变化率，可以计算出载荷俯仰角变化引起的以像元为单位的像移量，结果如表 4.3 所示。

　　计算载荷俯仰运动产生的像移量，然后利用已建立的成像退化模型，可以仿真出载荷俯仰角变化引起的退化图像。选用 GD、RD 和 RER 三个评价指标，对退化图像进行质量评价，三种方法评价结果，如表 4.4 所示。

表 4.3 载荷俯仰角变化与像移量

ω_θ	0.1	0.2	0.3	0.4	0.5	0.6
δ_2	1.0231	2.0462	3.0692	4.0923	5.1154	6.1385
ω_θ	0.7	0.8	0.9	1.0	1.1	1.2
δ_2	7.1615	8.1848	9.2077	10.2308	11.2538	12.2769

表 4.4 载荷俯仰像移量引起图像退化质量评价值

δ_2	1.0231	2.0462	3.0692	4.0923	5.1154	6.1385
GD	0.3074	0.2060	0.1813	0.0834	0.0631	0.0300
RD	38.87	31.00	29.97	26.74	25.65	23.74
RER	0.46	0.34	0.31	0.23	0.22	0.19
δ_2	7.1615	8.1848	9.2077	10.2308	11.2538	12.2769
GD	0.0244	0.0215	0.0197	0.0191	0.0184	0.0177
RD	22.80	21.38	20.56	19.51	18.84	18.07
RER	0.20	0.19	0.21	0.20	0.20	0.20

为了直观反映载荷俯仰运动对图像质量的影响，寻找内在规律，将评价结果绘制到各评价结果变化曲线图中，如图 4.14～图 4.16 所示。

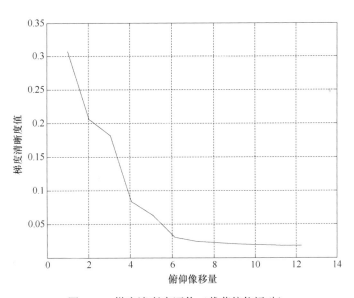

图 4.14 梯度清晰度评价（载荷俯仰运动）

由图 4.14～图 4.16 可见，针对载荷俯仰运动引起的图像模糊，利用梯度清晰度、二次模糊清晰度和相对边缘响应评价，基本上获得了一致的结论：①随着载荷俯仰角速度的增加，像平面的像移量增大，图像模糊程度也越来越高，梯度清晰度、二次模糊清晰度和相对边缘响应的评价值越来越小；②当载荷俯仰角引起的像移量小于 6 个像元时，梯度清晰度、二次模糊清晰度和相对边缘响应的评价值减小较快，而当像移量大于 6 个像元时，这些评价值的变化量减小，乃至不再变化。

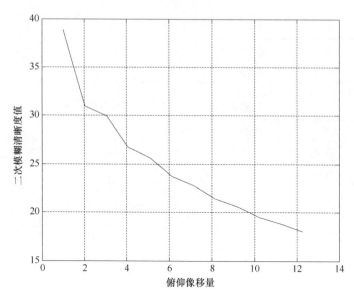

图 4.15　二次模糊清晰度评价（载荷俯仰运动）

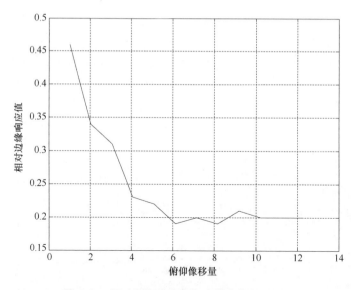

图 4.16　相对边缘响应评价（载荷俯仰运动）

　　分析产生这些规律的原因，是由于在成像时间内，载荷俯仰运动速度造成地物在像平面的相对移动量越大，涉及的像元数越多，则图像就越模糊，当利用梯度清晰度、二次模糊清晰度和相对边缘响应这些方法进行评价时，评价值就越小；随着载荷俯仰角速度的继续增大，图像逐渐变得非常模糊，不过模糊程度变化率会越来越小，当像移量增加到一定值时，模糊程度改变值就非常小了，导致退化图像的梯度清晰度、二次模糊清晰度和相对边缘响应的评价值基本不变。

3. 面阵载荷滚转角引起图像退化敏感性分析

光学面阵载荷数据获取过程中，载荷滚转角的变化将引起地物在像平面上影像沿垂直于无人机飞行方向上发生相对移动，导致获取的图像出现模糊现象。由前述载荷滚转角引起图像像移量变化的式（4.12），通过改变载荷滚转角，获得一系列的载荷滚转像移量，进而可以基于图像质量退化模型构建一系列的退化仿真图像。再利用上述图像质量评价方法，对图像质量评价结果加以分析，以获取图像质量对载荷滚转角变化敏感性的内在规律。

仿真分析中，以无人机外场试验采用的光电稳定平台 PAV80 的滚转角姿态补偿范围（−7°～+7°）（Product Description Leica PAV80，2011）作为滚转角的变化范围。参考无人机某次外场试验获取的滚转角姿态变化数据，设置载荷滚转角的最大变化率为 1.8°/s。光学面阵载荷的相关参数：载荷焦距为 0.0665m，曝光时间为 0.001s，像元尺寸为 6.5×10^{-6}m。利用式（4.12），通过改变滚转角的变化率，可以计算出载荷滚转角变化引起的以像元为单位的像移量，结果如表 4.5 所示。

表 4.5　载荷滚转角变化与像移量

ω_θ	0.1	0.2	0.3	0.4	0.5	0.6
δ_3	1.0231	2.0462	3.0692	4.0923	5.1154	6.1385
ω_θ	0.7	0.8	0.9	1.0	1.1	1.2
δ_3	7.1615	8.1846	9.2077	10.2308	11.2538	12.2769
ω_θ	1.3	1.4	1.5	1.6	1.7	1.8
δ_3	13.3000	14.3231	15.3462	16.3692	17.3923	18.4154

计算载荷滚转运动产生的像移量，然后利用已建立的成像退化模型，可以仿真出载荷滚转角变化引起的退化图像。选用 GD、RD 和 RER 三个评价指标，对退化图像进行质量评价，三种方法评价结果如表 4.6 所示。

表 4.6　载荷滚转像移量引起图像退化质量评价值

δ_3	1.023	2.046	3.069	4.092	5.115	6.138
GD	0.1892	0.1087	0.0957	0.0622	0.0431	0.0316
RD	38.86	31.17	30.14	26.91	25.79	23.84
RER	0.46	0.34	0.33	0.25	0.24	0.2
δ_3	7.162	8.184	9.2078	10.23	11.254	12.278
GD	0.0274	0.0225	0.0211	0.019	0.0183	0.0177
RD	22.92	21.64	20.93	20.04	19.48	18.8
RER	0.21	0.2	0.2	0.2	0.2	0.16
δ_3	13.3	14.323	15.346	16.369	17.392	18.415
GD	0.0174	0.0172	0.0170	0.0167	0.0165	0.0221
RD	18.34	17.80	17.39	16.94	15.59	16.23
RER	0.21	0.22	0.21	0.21	0.23	0.22

为了直观反映载荷滚转运动对图像质量的影响，寻找内在规律，将评价结果绘制到各评价结果变化曲线图中，如图4.17～图4.19所示。

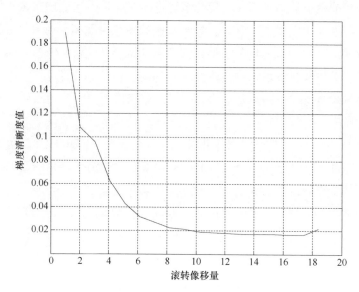

图 4.17　梯度清晰度评价（载荷滚转运动）

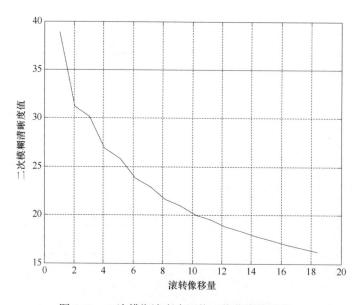

图 4.18　二次模糊清晰度评价（载荷滚转运动）

由图4.17～图4.19可见，针对载荷滚转运动引起的图像模糊，采用梯度清晰度、二次模糊清晰度和相对边缘响应评价，基本上获得了一致的结论：①随着载荷滚转角速度增加，引起像平面像移量的增大，图像模糊程度越来越高，梯度清晰度、二次模糊清晰度和相对边缘响应评价值越来越小；②载荷滚转角引起的像移量小于6个像元时，梯度清晰度、二次模糊清晰度和相对边缘响应评价值减小较快，而当像移量大于6个像元时，这些评价值变化量较小，乃至基本不变。

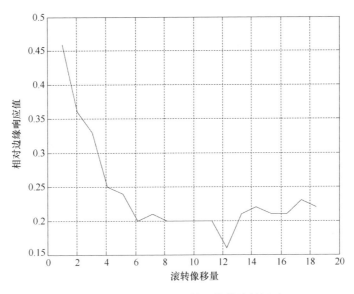

图 4.19   相对边缘响应评价（载荷滚转运动）

分析产生这些规律的原因，在成像时间内载荷滚转运动造成地物在像平面的相对移动量越大，涉及的像元数越多，图像就越模糊，当利用梯度清晰度、二次模糊清晰度和相对边缘响应这些方法进行评价时，评价值就越小；随着载荷滚转角速度的继续增大，图像逐渐变得非常模糊，不过模糊程度变化率越来越小，当像移量增加到一定值时，模糊程度改变值就非常小了，导致退化图像梯度清晰度、二次模糊清晰度和相对边缘响应的评价值基本不变。

4. 面阵载荷偏航角引起图像退化敏感性分析

光学面阵载荷数据获取过程中，载荷偏航角的变化将引起地物在像平面上影像以载荷垂直下视点为中心，以各像点到投影中心为半径出现旋转模糊现象。由前述载荷偏航角引起图像像移量变化的式（4.13），通过改变载荷偏航角，获得一系列的载荷旋转像移量，进而可以基于图像质量退化模型构建一系列的退化仿真图像。然后再利用上述图像质量评价方法，对图像质量评价结果加以分析，以获取图像质量对载荷偏航角变化敏感性的内在规律。

仿真分析中，以无人机外场试验采用的光电稳定平台 PAV80 的偏航角姿态补偿范围（–30°～+30°）（Product Description Leica PAV80，2011）作为偏航角的变化范围。参考无人机某次外场试验获取的偏航角姿态变化数据，投影中心是像平面的中心，载荷像平面尺寸为 15.2mm×15.2mm，其最大旋转半径为 10.7464mm，载荷偏航角最大变化率为 0.275°/s。光学面阵载荷相关参数：载荷焦距为 0.0665m，曝光时间为 0.001s，像元尺寸为 $6.5×10^{-6}$m。利用式（4.13），通过改变偏航角的变化率，可以计算出载荷偏航角变化引起的以像元为单位的像移量，结果如表 4.7 所示。

表 4.7　载荷偏航运动引起的旋转像移量

ω_ψ	0.03	0.06	0.09	0.12	0.15
δ_4	0.0496	0.0992	0.1488	0.1984	0.2480
ω_ψ	0.18	0.21	0.24	0.27	0.30
δ_4	0.2976	0.3472	0.3968	0.4464	0.4960

　　计算载荷偏航运动产生的旋转像移量，然后利用已建立的成像退化模型，可以仿真出载荷偏航角变化引起的退化图像。选用 GD、RD 和 RER 三个评价指标，对退化图像进行质量评价，三种方法评价结果如表 4.8 所示。

表 4.8　载荷偏航像移量引起图像退化质量评价值

δ_4	0.0496	0.0992	0.1488	0.1984	0.2480
GD	0.3102	0.3102	0.3102	0.3102	0.3102
RD	43.22	43.22	43.22	43.22	43.22
RER	0.45	0.45	0.45	0.45	0.45
δ_4	0.2976	0.3472	0.3968	0.4464	0.4960
GD	0.3102	0.3100	0.3091	0.3063	0.3026
RD	43.22	43.18	42.83	42.18	41.36
RER	0.45	0.45	0.45	0.46	0.45

　　为了直观反映载荷偏航运动对图像质量的影响，寻找内在规律，将评价结果绘制到各评价结果变化曲线图中，如图 4.20～图 4.22 所示。

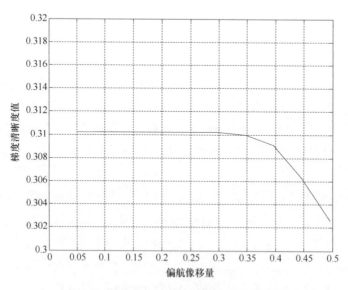

图 4.20　梯度清晰度评价（载荷偏航运动）

　　由图 4.20～图 4.22 可见，载荷偏航运动引起的图像模糊，采用梯度清晰度、二次模糊清晰度和相对边缘响应评价，基本上获得了一致的结论：①随着载荷偏航角速度的增加，像平面的像移量增加，图像模糊程度也越来越高，梯度清晰度、二次模糊清晰度和相对边缘响应评价值均呈现减小趋势；②载荷偏航角引起的像移量较小，梯度清晰度、二次模糊清晰度和相对边缘响应评价值变化不大，在偏航像移量达到 0.35 个像元时，梯度清晰度值和二次模糊清晰度值出现减小的情况，而相对边缘响应仅有微小波动。

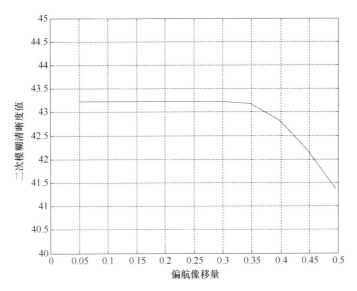

图 4.21　二次模糊清晰度评价（载荷偏航运动）

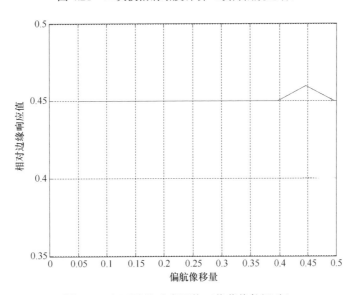

图 4.22　相对边缘响应评价（载荷偏航运动）

　　分析产生这些规律的原因，在成像时间内载荷偏航运动造成地物在像平面的相对移动量越大，涉及的像元数越多，图像就越模糊，当利用梯度清晰度、二次模糊清晰度和相对边缘响应这些方法进行评价时，评价值就越小；随着载荷偏航角速度的继续增大，图像逐渐变得非常模糊，可以预料模糊程度变化率将越来越小，当像移量增加到一定值时，模糊程度改变值将非常小，导致退化图像梯度清晰度、二次模糊清晰度和相对边缘响应评价值基本不变。

4.3.2 线阵载荷图像退化敏感性分析

光学线阵载荷数据获取过程中，因初始状态变化而导致获取的图像质量退化现象很多。为了简洁、直观地展示载荷初始状态对线阵图像退化的影响情况，拟重点研究载荷在不同滚转角姿态情况下图像质量退化的问题。为了研究不同初始条件下的线阵图像几何畸变问题，考虑线阵载荷滚转角变化频率在 0~30Hz 范围，构建退化的线阵图像，采用长度畸变和角度畸变评价方法，通过对图像质量评价结果加以分析，进而研究线阵图像与载荷滚转角姿态敏感性的内在规律。

选取大小为 400×400 线阵图像作为研究对象，在图像上均匀选择特征点，以不同的初始状态，仿真退化线阵图像，通过图像的特征点间距离和特征点间角度的变化，来衡量图像的长度畸变程度和角度畸变程度。由于线阵图像每一帧拥有相同的初始位置，每个行频对图像几何畸变具有相同的影响程度，从研究的便捷性考虑，在图像上每 10 行选取一个特征点，共选取 40 个特征点。研究中的载荷滚转角姿态幅值为 5 个像元，频率变化范围为 0~30Hz，利用成像退化模型获取一系列的几何畸变图像，采用长度畸变和角度畸变评价方法，评价结果如表 4.9 所示。

表 4.9 几何畸变评价

滚转角频率/Hz	5	10	15	20	25	30
长度畸变/像元	0.1013	0.4545	0.6332	0.7789	0.8982	1.0027
角度畸变/像元	0.0406	0.0830	0.1092	0.13	0.1468	0.1609

为了直观反映载荷不同的滚转角初始状态对图像质量的影响，寻求内在规律，将评价结果绘制在各评价结果变化曲线图中，如图 4.23 和图 4.24 所示。

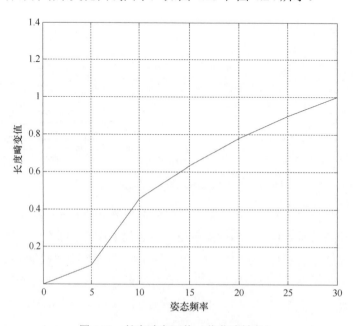

图 4.23 长度畸变评价（载荷滚转角）

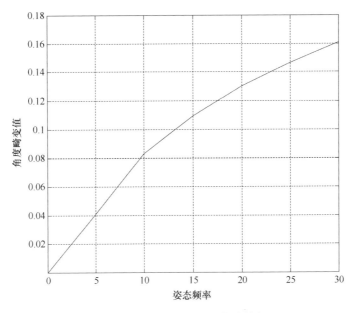

图 4.24　角度畸变评价（载荷滚转角）

由图 4.23 和图 4.24 可见，线阵载荷不同的滚转角初始条件引起图像的几何畸变。当利用长度畸变和角度畸变方法对退化的图像进行评价时，基本上获得了一致的结论：①随着载荷滚转角频率（低频 0～30Hz）的增加，载荷成像时初始位置的改变，图像的几何畸变程度也越来越高，长度畸变和角度畸变值越来越大；②载荷滚转角频率小于10Hz 时，长度畸变和角度畸变值增加较快，而当载荷滚转角频率大于 10Hz 时，其值增加速度变缓；③长度畸变和角度畸变值有随载荷滚转角频率的增加而趋于某个固定值的趋势。

究其原因，因载荷成像时每一帧初始位置不同，引起地物在像平面上的影像发生相对移位，从而使获取的图像出现几何畸变退化现象。载荷滚转角频率越大（在低频范围内），则成像初始位置的变化越大，导致获取的图像几何畸变越明显，长度畸变和角度畸变值也就越大；图像的几何畸变程度随载荷姿态变化频率的增加而增大，当载荷姿态变化频率增加到一定值时，图像几何畸变程度改变值渐趋变小，长度畸变和角度畸变值的变化率也越来越小。

4.4　图像复原分析

遥感数据质量很大程度上决定了其应用效能，因此如何获取高质量的遥感数据是提高应用效能的先决条件。研究怎样从载荷成像的机理出发，去除图像获取过程中因载荷运动引起的退化因素，从而获得高质量的遥感图像，这是相关领域研究人员需要研究的关键技术问题。下面介绍常用的遥感图像经典复原算法，分析各图像复原算法的优缺点，讨论和比较退化参数对图像复原质量影响的结果是否准确。利用这些算法来复原退化图像，并且对复原效果进行分析和评价。

4.4.1 经典图像复原算法

1. 逆滤波法

在频域中，最直接的图像复原方法是逆滤波算法（Gonzalez and Woods，2007），它是用退化图像的二维傅里叶变换 $G(u,v)$ 和点扩散函数 $H(u,v)$ 来估计傅里叶变换 $\hat{F}(u,v)$，其算法模型如式（4.29）所示：

$$\hat{F}(u,v) = \frac{G(u,v)}{H(u,v)} \tag{4.29}$$

考虑图像获取过程中的噪声 $N(u,v)$ 影响，可将逆滤波算法修正为

$$\hat{F}(u,v) = F(u,v) + \frac{N(u,v)}{H(u,v)} \tag{4.30}$$

对式（4.30）求傅里叶反变换就可得到原始图像的近似估计图像。

逆滤波方法适用于无噪声污染的退化图像，但是在实际中，这种退化图像是不存在的，在采用逆滤波方法复原受噪声影响的退化图像时，会将噪声放大，给图像复原处理带来更大的难度。所以，逆滤波实际并未得到广泛应用。

2. 维纳滤波

维纳滤波（Gonzalez and Woods，2007）考虑了系统退化函数和噪声的统计特性来对图像进行复原处理，该算法认为退化图像和噪声都是随机函数。维纳滤波的目标是寻找一个滤波器，使复原后图像与原始图像间的均方误差最小。误差量由下式给出：

$$e^2 = E\{(f - \hat{f})^2\} \tag{4.31}$$

式中，f 为原始图像；$\hat{f}$ 为图像的估计值；"$E\{\bullet\}$"为数学期望值。

维纳滤波在频域范围内的表达式为

$$
\begin{aligned}
\hat{F}(u,v) &= \left[\frac{H(u,v)S(u,v)}{S_f(u,v)|H(u,v)|^2 + S_n(u,v)} \right] G(u,v) \\
&= \left[\frac{H^*(u,v)}{|H(u,v)|^2 + S_n(u,v)/S_f(u,v)} \right] G(u,v) \\
&= \left[\frac{1}{H(u,v)} \cdot \frac{|H(u,v)|^2}{|H(u,v)|^2 + S_n(u,v)/S_f(u,v)} \right] G(u,v)
\end{aligned}
\tag{4.32}
$$

式中，$H^*(u,v)$ 为 $H(u,v)$ 的复共轭；$S_n(u,v)$ 为噪声的功率谱；$S_f(u,v)$ 为原图的功率谱。

维纳滤波在反卷积去模糊的同时，对噪声也进行了平滑，所以对噪声有很好的抑制作用，能以很低的计算代价获取较好的复原效果。

3. 约束最小二乘法

约束最小二乘法（Gonzalez and Woods，2007）是基于退化图像复原的线性模型，添加了额外的约束条件。找一个最小的准则函数 C，定义如下：

$$C = \sum_{x=0}^{M-1} \sum_{y=0}^{N-1} \left[\nabla^2 f(x,y) \right]^2 \qquad (4.33)$$

约束为

$$\|n\|^2 = \left\| g - H\hat{f} \right\|^2 \qquad (4.34)$$

式中，"$\|\bullet\|$"为欧几里得向量范数；$\hat{f}$ 为退化图像的估计值。

约束最小二乘法最优化问题的频域解决办法由下式给出：

$$\hat{F}(u,v) = \left[\frac{H^*(u,v)}{\left| H(u,v) \right|^2 + \gamma \left| P(u,v) \right|^2} \right] G(u,v) \qquad (4.35)$$

式中，γ 为一个参数，必须进行调整以满足式（4.35）的条件；$P(u,v)$ 为函数 $p(x,y)$ 的傅里叶变换：

$$p(x,y) = \begin{bmatrix} 0 & -1 & 0 \\ -1 & 4 & -1 \\ 0 & -1 & 0 \end{bmatrix} \qquad (4.36)$$

约束最小二乘法复原效果受 γ 影响很大，γ 取值过大时复原图像会出现振铃现象，太小则噪声放大效应变大。因此 γ 取值应当合理，通常采用迭代法求取最佳 γ 值。

4. Lucy-Richardson 算法

Lucy-Richardson 算法（Gonzalez and Woods，2007）是非线性复原方法，假设图像服从泊松分布，采用最大似然估计法进行迭代估计，其方程可用式（4.37）表示：

$$\hat{f}_{k+1}(x,y) = \hat{f}_k(x,y) \left[h(-x,-y) * \frac{g(x,y)}{h(x,y) * \hat{f}_k(x,y)} \right] \qquad (4.37)$$

式中，$\hat{f}$ 为原始图像的估计值；g 为退化图像；h 为点扩散函数；"$*$"为卷积；k 为迭代次数。

随着迭代次数的增加，依概率收敛于原始图像。同时与线性复原方法相比，在噪声较小的情况下，Lucy-Richardson 算法效果更好，但代价是算法复杂度增加。

以上经典图像复原算法均需要获取准确的点扩散函数，才能更好地复原退化图像。实际情况下，难以获得准确的点扩散函数的相关参数。下面将研究准确的点扩散函数和估计的点扩散函数对图像复原质量的影响，并进行分析和评价。

4.4.2 基于载荷成像机理的遥感图像复原

为了测试经典图像复原算法对遥感运动图像模糊的复原效果，选取无人机外场试验的高质量面阵图像作为原始图像，仿真退化尺度为 5、退化角度为 45°的图像，并利用经典图像复原算法进行复原，结果如图 4.25 所示。

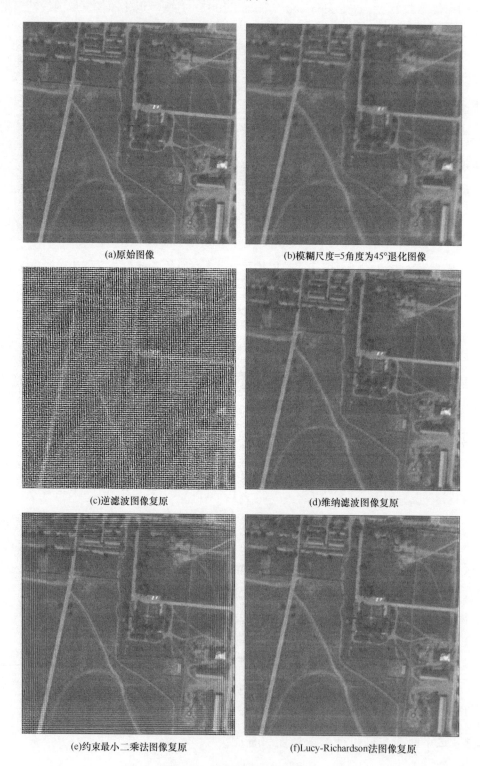

(a)原始图像　　　　　　　　　(b)模糊尺度=5角度为45°退化图像

(c)逆滤波图像复原　　　　　　　(d)维纳滤波图像复原

(e)约束最小二乘法图像复原　　　(f)Lucy-Richardson法图像复原

图 4.25　图像退化及复原仿真

从图像复原效果可见，逆滤波法复原效果最差，很难辨识图像内容，约束最小二乘法边缘振铃效应非常明显，而维纳滤波法和 Lucy-Richardson 法复原均获得了较好的效果。因此，下面在进行图像复原分析及评价时，将采用维纳滤波法和 Lucy-Richardson 法进行复原。

利用经典的图像复原算法时，准确的点扩散函数是提高图像复原质量的重要保障。当无法获取图像准确的点扩散函数时，可以利用 Rando 变换来获取图像退化的尺度和角度，进而可以构建点扩散函数，但是这种方法在对尺度和角度进行判断解译时，经验起到很大的作用，往往会有一定的偏差，最后在进行图像复原时效果不佳。在研究大气风场的传递效应过程中，可以从遥感机理出发，获知准确的图像退化尺度和角度，从而构建高精度成像时的点扩散函数，为退化的遥感图像复原和获取高质量的遥感数据奠定必要的基础。

为了研究点扩散函数参数不准确对复原图像质量的影响，按不同的退化尺度和角度构建点扩散函数，对退化图像采用维纳滤波法进行复原，并利用 4.2 节图像质量评价方法进行分析和评价。不同模糊尺度、不同角度下的复原图像评价如表 4.10 和表 4.11 所示。

表 4.10　不同尺度下复原图像质量评价

	4.8	4.9	5.0	5.1	5.2
GD	0.3096	0.3098	0.3106	0.3102	0.3097
RD	40.34	42.08	43.37	42.80	41.24
RER	0.38	0.39	0.40	0.40	0.38

表 4.11　不同角度下复原图像质量评价

	43°	44°	45°	46°	47°
GD	0.3096	0.3100	0.3102	0.3098	0.3095
RD	42.34	43.08	43.35	42.93	41.74
RER	0.37	0.38	0.39	0.37	0.34

从表 4.10 和表 4.11 可以获得以下结论：①退化图像的点扩散函数参数不准确，会造成复原后的图像质量不佳；②当退化尺度不准确时，从复原图像评价指标可知，退化尺度偏大的点扩散函数复原效果略好于尺度偏小的点扩散函数的复原效果；③当退化角度不准确时，从复原图像评价指标可知，退化角度偏小的点扩散函数的复原效果略好于退化角度偏大的点扩散函数的复原效果。

通过研究载荷运动和图像质量退化效应，获取不同载荷运动的参数变化与图像质量之间的内在关系，可为光电稳定平台设计提供重要的数据保障。同时，研究不准确参数对图像质量的影响，也对提高退化图像复原质量具有重要的参考价值。

参 考 文 献

樊邦奎. 2001. 国外无人机大全. 北京: 航空工业出版社.

刘军, 王冬红, 张永生. 2006. GPS/INS 系统 HPR 与 OPK 角元素的剖析与转换. 测绘科学, 31(5): 54-56, 5.

刘明, 刘钢, 李友一, 等. 2004. 航空相机的像移计算及其补偿分析. 光电工程, 31(S1): 12-14.

谢小甫, 周进, 吴钦章. 2010. 一种针对图像模糊的无参考质量评价指标. 计算机应用, 30(4): 921-924.

杨春玲, 陈冠豪, 谢胜利. 2007. 基于梯度信息的图像质量评判方法的研究. 电子学报, 35(7): 1313-1317.

Crete F, Dolmiere T, Ladret P, et al. 2007. The Blur Effect: Perception and Estimation with a New No-Reference Perceptual Blur Metric. Proceedings of the SPIE. San Jose, 649201.1-11.

Gonzalez R C, Woods R E. 2007. 数字图像处理(第二版). 阮秋琦等译. 北京: 电子工业出版社.

Product Description Leica PAV80. 2011. Gyro-stabilized Sensor Mount. http://www.leica-geosystems.com/downloads123/zz/airborne/PAV80/documentations/Leica_PAV80_Product_Description.pdf.2011-8-29.

Wang Z, Bovik A C, Sheikh H R, Simonceli E P. 2004. Image quality assessment: from error visibility to structural similarity. IEEE Transactions on Image Processing, 13(4): 600-612.

Yang W, Shouda J, Chang'an W. 2010. An Improved Atmospheric Turbulence Simulation Method. In: Pervasive Computing Signal Processing and Applications (PCSPA), 2010 First International Conference on IEEE, 1236-1239.

第5章 大气风场传递效应分析原型系统

无人机遥感载荷风场传递效应过程涉及多个关键技术。为了系统地完成关键技术的集成和验证，设计了接口和用户界面，开发了大气风场传递效应分析原型系统，并通过实例验证了各关键技术的正确性。

5.1 原型系统设计

大气风场传递效应分析原型系统包含平台姿态仿真分系统、稳定平台辨识分系统和图像退化敏感性分析分系统。该原型系统的架构如图5.1所示。

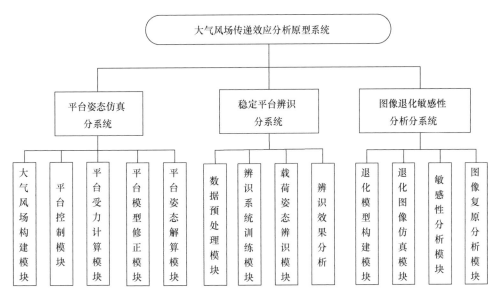

图5.1 大气风场传递效应分析原型系统架构

从图5.1可见，各分系统由多个功能模块组成。在原型系统开发时，首先要实现各模块功能，其次要对分系统各模块进行合理的集成，最后要将各分系统进行有效组合，进而完善原型系统功能。

鉴于大气风场传递效应分析原型系统涉及大量的数值运算，从开发的便捷性考虑，选择 Matlab 作为原型系统开发工具，实现了各个子模块的功能，并通过模块间参数的传递联系，有机地完成了各子模块的集成，进而实现了原型系统的整体功能。同时，为了提高系统的交互性能，采用 Matlab 的图形用户界面（graphical user interface，GUI）工具箱（陈杰，2007），编写了原型系统的图形界面。

5.2　原型系统实现

5.2.1　平台姿态仿真分系统

1. 平台姿态仿真分系统模块功能分析

平台姿态仿真分系统是研究无人机平台在大气风场作用下姿态变化规律的一个系统。该分系统按功能可分为大气风场构建、平台控制、平台受力计算、平台模型修正和平台姿态解算五个模块，各模块间的接口关系如图 5.2 所示。

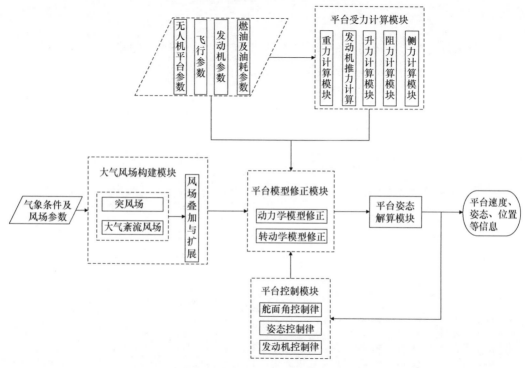

图 5.2　平台姿态仿真分系统各模块间的接口关系

（1）大气风场构建模块：通常情况下，无人机作业高度上存在突风场和大气紊流场两种主要风场，在气象条件和风场气象参数已知的情况下，可通过时域法建立突风场和大气紊流场，利用风场矢量特性，构建复合大气风场。

（2）平台控制模块：无人机通过反馈控制，对前一个时刻的无人机姿态进行调整，以确保无人机能够安全飞行，通过无人机设计时的控制律参数，仿真无人机平台控制系统，以保证对无人机姿态的仿真效果。

（3）平台受力计算模块：分析无人机遥感作业时的受力情况，包括重力、发动机推力、大气的升力、阻力和侧力等，根据作业环境、无人机及发动机状态和参数，解算出无人机平台受力。

（4）平台模型修正模块：建立的无人机模型受到大气风场作用力及其所产生力矩的影响，修正相关模型后再进行下一个时刻无人机姿态仿真，需要修正的平台模型包括动力学模型和转动学模型。

（5）平台姿态解算模块：对修正后的无人机模型（通常是微分方程），选择合适的状态空间变量，将微分方程转换为一阶微分方程形式，并利用标准 Runge-kutta 法高精度解算无人机姿态参数。

2. 平台姿态仿真分系统实现的主要步骤

根据系统功能模块的划分，开发对应的功能模块，具体步骤如下。

（1）平台姿态仿真分系统包含五个模块，设计各模块间的接口关系，以及数据之间的传递关系。

（2）大气风场模块包含了突风场子模块和大气紊流场子模块，设计动态参数配置的功能模块（其中紊流场模块含有空间拓展模块功能），并开发突风场子模块和紊流场子模块。

（3）开发平台控制功能函数，参数输入可以是手动输入（文件或数值），也可以通过其他系统模块接口来传递数据。

（4）可读取无人机参数、发动机参数及其他参数，并开发无人机作业过程中受力计算模块。

（5）根据步骤（2）～（4）的计算结果，开发模型修正功能模块，实现对无人机模型的修正。

（6）开发标准 Runge-kutta 算法功能模块，实现对无人机姿态参数仿真。

（7）集成无人机平台姿态仿真分系统各子模块功能。

5.2.2 稳定平台辨识分系统

1. 稳定平台辨识分系统功能分析

稳定平台辨识分系统用于对光电稳定平台补偿系统进行辨识，在获取无人机姿态并通过光电稳定平台补偿后，可以计算出相应成像时载荷的姿态信息，该结果可以为载荷获取数据后处理提供可靠的技术资料。光电稳定平台辨识分系统可以分为无人机姿态数据预处理模块、辨识系统训练模块、载荷姿态辨识模块和辨识效果分析模块，各模块间的接口关系如图 5.3 所示。

（1）数据预处理模块：对外场试验获取的无人机姿态数据和光电稳定平台补偿数据进行去冗余处理，去除数据记录过程中的重复数据，在此基础上将无人机姿态数据和光电稳定平台补偿数据按记录的 UTC 时间进行匹配，以获取同时刻的无人机姿态数据和光电稳定平台补偿数据。

（2）辨识系统训练模块：经匹配后无人机数据量依然庞大，在对光电稳定平台补偿系统进行辨识时，按照一定的法则选取合理的训练样本，利用选取的训练样本对光电稳定平台系统进行训练，确定神经网络各权值、阈值等相关参数，进而获得光电稳定平台补偿特性。

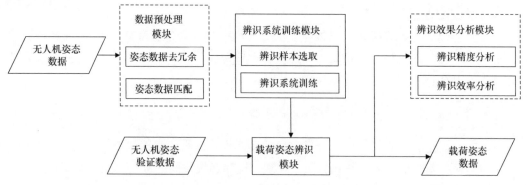

图 5.3　稳定平台辨识分系统各模块间的接口关系

（3）载荷姿态辨识模块：该模块实现对载荷姿态数据的辨识功能，当无人机姿态数据输入该模块后，即可获得经光电稳定平台补偿的载荷姿态数据。

（4）辨识效果分析模块：该模块验证对光电稳定平台补偿的辨识精度，利用外场获取的无人机姿态和载荷数据，验证系统辨识效果，并选用相应的评价指标进行评价。

2. 稳定平台辨识分系统实现的主要步骤

根据系统功能模块的划分，开发对应的功能模块，具体步骤如下。

（1）稳定平台辨识分系统包含四个模块，设计各模块间的接口关系，以及数据传递关系。

（2）根据数据预处理法则，开发数据预处理模块，实现无人机姿态数据和光电稳定平台数据间的匹配。

（3）开发依概率选取辨识样本的聚类函数，以实现训练样本的有效选择。

（4）开发系统辨识算法，利用训练样本来确定辨识算法中模型的参数值。

（5）调用训练后的辨识模型，完成无人机姿态辨识。

（6）建立系统辨识效果评价准则，开发辨识效果函数类，调用后可完成辨识效果分析。

（7）集成稳定平台辨识分系统各子模块功能。

5.2.3　图像退化敏感性分析分系统

1. 图像退化敏感性分析分系统功能分析

图像退化敏感性分析分系统用于研究载荷运动速度和姿态变化对图像质量影响的敏感程度，通过改变某个参数，利用图像评价指标来衡量图像退化程度。图像退化敏感分析分系统可以分为退化模型构建模块、退化图像仿真模块、敏感性分析模块和图像复原分析模块。各模块间的接口关系如图 5.4 所示。

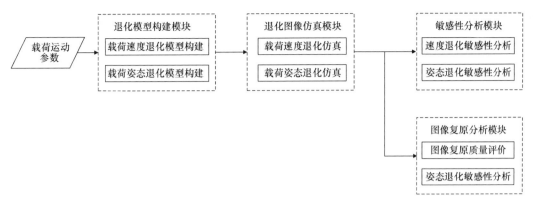

图 5.4　图像退化敏感性分析分系统模块间的接口关系

（1）退化模型构建模块：针对载荷运动引起图像质量退化的因素，分别建立载荷速度和载荷姿态（俯仰、滚转和偏航）成像退化模型，确定了载荷运动参数后，即可确定成像的点扩散函数。

（2）退化图像仿真模块：该模块基于具体载荷运动参数，仿真退化的遥感图像。

（3）敏感性分析模块：针对不同参数条件下仿真的退化图像，采用合理的图像质量评价指标来衡量图像退化程度，分析和研究图像退化敏感性的内在规律。

（4）图像复原分析模块：该模块的功能是对退化的图像进行复原，是图像获取的逆过程，通过较优的图像复原算法，获得复原后的图像。

2. 图像退化敏感性分析分系统实现的主要步骤

根据系统功能模块的划分，开发对应的功能模块，具体步骤如下。

（1）图像退化敏感性分析分系统包含四个模块，设计各模块间的接口关系，以及数据传递关系。

（2）针对载荷运动参数，分别开发载荷速度、俯仰、滚转和偏航退化模型类函数，为其他程序提供调用接口。

（3）根据载荷运动的具体参数，调用退化模型的类函数，完成对图像退化仿真功能的实现。

（4）开发图像敏感性分析评价方法类函数，实现对退化图像的评价，根据评价结果，对退化图像质量进行敏感性分析。

（5）开发常用的经典图像复原算法类函数，能实现退化图像的复原，并利用图像质量评价指标来衡量图像复原效果。

（6）集成图像退化敏感性分析分系统各子模块功能。

5.3　原型系统功能验证

本书利用 Matlab 软件开发了无人机遥感大气风场传递效应分析原型系统功能，并基于 GUI 工具箱，开发了系统交互界面。从 5.2 节分析可知，该系统包含"平台姿态仿真分系统"、"稳定平台辨识分系统"和"图像退化敏感性分析分系统"。开发的原型系统界面如图 5.5 所示。

图 5.5　大气风场传递效应分析原型系统主界面

从 5.2 节分析可知，该原型系统功能包含多个模块。为了验证系统功能可行性和正确性，突出研究工作的重点，本书将对各分系统中的部分重点模块进行验证分析，验证效果如下。

5.3.1　平台姿态仿真分系统

平台姿态仿真分系统包含"大气风场"、"平台控制"、"平台受力计算"、"平台模型修正"和"平台姿态解算"五个菜单选项，对应于该分系统的五个模块，如图 5.6 所示。下面选择大气风场中"紊流场"和"平台姿态解算"两个模块选项进行验证。

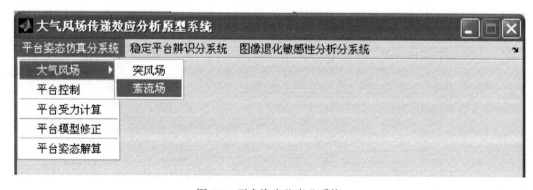

图 5.6　平台姿态仿真分系统

1）紊流场功能验证

以大气风场构建模块为例，点击下拉菜单中的"大气风场"按钮后，将弹出大气风场模块，大气风场模块包含两个子菜单：一是"突风场"；二是"紊流场"。点击"紊流场"选项，弹出紊流场模块窗口，设置大气紊流场的紊流强度和尺度参数（其他参数在系统后台加载）。当参数设置完成后，点击按钮"纵向风场"即可生成大气紊流场，点击按钮"纵向自相关检验"即可完成风场的相关性检验。选择参数为：无人机速度

V=50m/s，紊流强度 σ=1.2m/s，纵向尺度 L=400m。建立的一维纵向大气紊流场和自相关检验结果如图 5.7 所示。

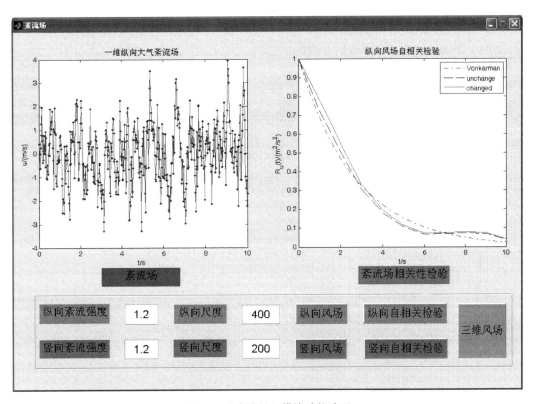

图 5.7 "紊流场"模块功能验证

2）平台姿态解算功能验证

平台姿态解算是对修正后的平台姿态进行解算，以获取受大气风场影响的无人机姿态。选择"平台姿态解算"菜单，弹出平台姿态解算功能模块，点击"姿态解算"按钮后，即可完成无人机姿态的求解。需要查看无人机姿态时，选择相应按钮即可获得。仿真参数设置如下：无人机飞行高度为 5000m，时间间隔为 0.1s。以俯仰角为例，仿真结果如图 5.8 所示。

5.3.2 稳定平台辨识分系统

稳定平台辨识分系统包含"数据预处理""系统辨识训练""载荷姿态辨识"和"辨识效果分析"四个菜单选项，对应于该分系统的四个模块，如图 5.9 所示。

为了验证系统的功能，以稳定平台辨识分系统中的载荷姿态辨识为例，选择"稳定平台辨识分系统"下拉菜单中"载荷姿态辨识"选项，弹出"载荷姿态辨识"模块。点击按钮"光电稳定平台输入"可加载无人机姿态数据，点击按钮"光电稳定平台输出"可加载输出数据。在系统的输入输出数据加载完成后，点击"系统辨识"按钮，即可在后台实现光电稳定平台的系统辨识。

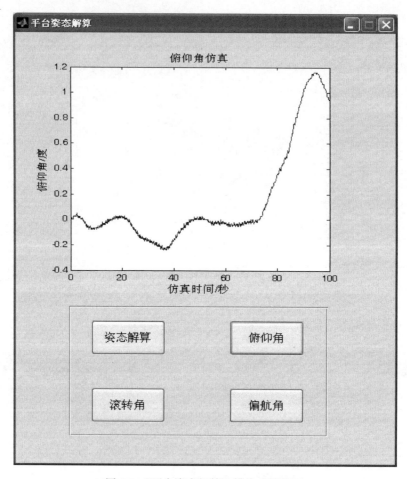

图 5.8 "平台姿态解算"模块功能验证

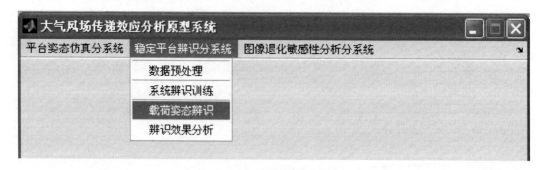

图 5.9 稳定平台辨识分系统

为了方便查看系统辨识效果，可点击右侧"俯仰""滚转"和"偏航"按钮，在界面上方的同一幅图中展现出辨识值和实际值，并画出辨识的误差曲线（以 2011 年 9 月 1 日外场试验无人机姿态数据及光电稳定平台记录的补偿数据作为系统的输入和输出），辨识效果如图 5.10 所示。

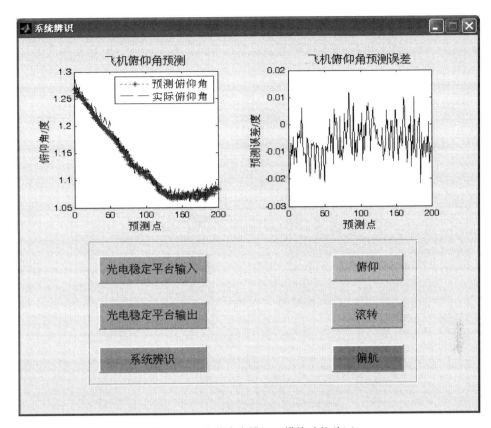

图 5.10 "载荷姿态辨识"模块功能验证

5.3.3 图像退化敏感性分析分系统

图像退化敏感性分析分系统包括"退化模型构建""退化图像仿真""敏感性分析"和"图像复原分析"四个子菜单选项，对应于该分系统的四个模块，如图 5.11 所示。为了验证该分系统的功能，下面将对"退化图像仿真""敏感性分析"和"图像复原分析"等三个模块进行验证。

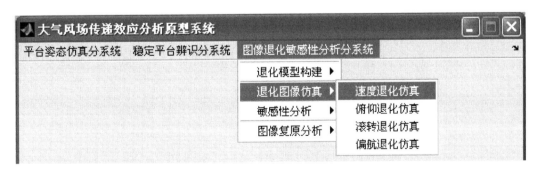

图 5.11 图像退化敏感性分析分系统

1）"退化图像仿真"模块功能验证

"退化图像仿真"模块包含"速度退化仿真""俯仰退化仿真""滚转退化仿真"和

"偏航退化仿真"四个下一级菜单。为了验证模块功能，以"速度退化仿真"子模块为例，选取无人机 2011 年 9 月 1 日第八条航带部分图像数据为研究对象，速度退化仿真结果如图 5.12 所示。

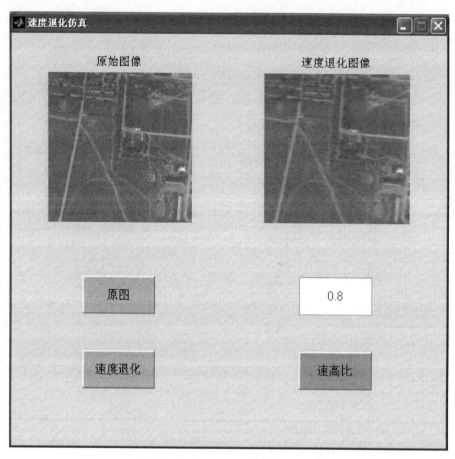

图 5.12 "速度退化仿真"子模块功能验证

2）"敏感性分析"模块功能验证

"敏感性分析"模块包含"速度敏感性分析""俯仰敏感性分析""滚转敏感性分析"和"偏航敏感性分析"四个下一级菜单。为了验证模块功能，以"速度敏感性分析"子模块为例，选取无人机 2011 年 9 月 1 日第八条航带部分图像数据为研究对象，研究中的载荷速高比范围为 0.1/s～1.8/s，图像质量退化敏感性分析结果如图 5.13 所示。

3）"图像复原分析"模块功能验证

"图像复原分析"模块用于实现退化图像复原，以及利用图像质量评价方法来衡量复原的图像质量。图像复原分析模块包含"梯度清晰度评价""二次模糊清晰度""相对边缘响应""长度畸变"和"角度畸变"五个子菜单，对应于前文选用的五种图像质量评价方法。"图像复原分析"模块功能验证如图 5.14 所示。

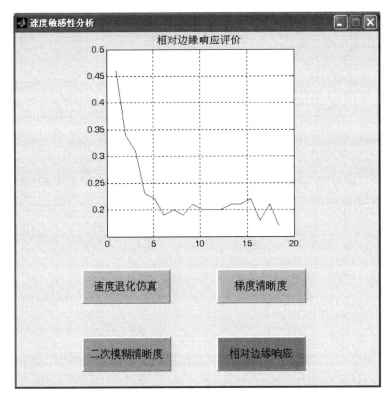

图 5.13 "速度敏感性分析"子模块功能验证

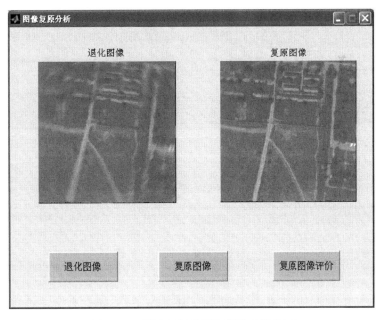

图 5.14 "图像复原分析"模块功能验证

点击"退化图像"和"复原图像"按钮,分别在窗口显示退化图像和复原后图像。点击"复原图像评价"按钮时,则会采用梯度清晰度、二次模糊清晰度、相对边缘响应、长度畸变和角度畸变等评价方法,对复原后图像进行质量评价,结果以.txt 文件形式输出。

参 考 文 献

陈杰. 2007. MATLAB 宝典(第 2 版). 北京: 电子工业出版社.